放手的练习

手放す練習

[日] 涩谷直人 ———————— 著
Naoto Shibuya

陈欣 ———————— 译

中信出版集团 | 北京

图书在版编目（CIP）数据

放手的练习/（日）涩谷直人著；陈欣译.--北京：中信出版社，2025.3.--ISBN 978-7-5217-7196-1

Ⅰ.B821-49

中国国家版本馆CIP数据核字第2024Z723V7号

TEBANASU RENSHU MUDA NI SHOMO SHINAI SHUSHA SENTAKU
© Naoto Shibuya 2022 First published in Japan in 2022 by KADOKAWA CORPORATION, Tokyo.
Simplified Chinese translation rights arranged
with KADOKAWA CORPORATION,
Tokyo through Japan UNI Agency, Inc., Tokyo.
ALL RIGHTS RESERVED
本书仅限中国大陆地区发行销售

放手的练习
著　　者：[日]涩谷直人
译　　者：陈欣
出版发行：中信出版集团股份有限公司
　　　　　（北京市朝阳区东三环北路27号嘉铭中心　邮编　100020）
承　印　者：北京盛通印刷股份有限公司

开　　本：880mm×1230mm　1/32　　印　张：7　字　数：156千字
版　　次：2025年3月第1版　　　　　印　次：2025年3月第1次印刷
京权图字：01-2024-5975　　　　　　　书　号：ISBN 978-7-5217-7196-1
　　　　　　　　　　　定　价：58.00元

版权所有·侵权必究
如有印刷、装订问题，本公司负责调换。
服务热线：400-600-8099
投稿邮箱：author@citicpub.com

极繁

极简

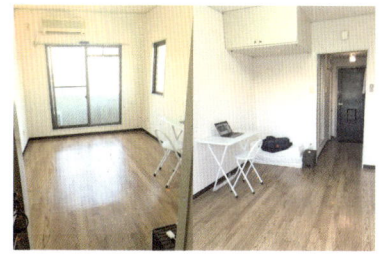

首次一个人生活时住的约 10 平方米、每月租金 19 000 日元的小套房。当我了解到极简主义后,便只带着一个行李箱,从老家搬到这里。

后来住的地方更紧凑,是不到 8 平方米、每月租金 2 万日元的小开间公寓。因为家里东西少,完全不会有压迫感,打扫、拿东西都很方便,优点良多。

靠一辆出租车就搬到了现在住的不到 13 平方米、每月租金 35 000 日元的小开间公寓。虽然位于市中心的黄金地段,但东西少、房间紧凑,租金也相对合理。

少而精的物品

扫地机器人。地板上没放什么东西的极简主义者才用得上这款缩短家务时间的神器。

站立式工作台。站着办公可以集中注意力,也能增加运动量。工作台底部有滑轮,可以随时移动到合适的位置。

缩短家务时间的滚筒式洗衣烘干一体机。为了省去多余的动作,在洗衣机上方安装衣柜。洗完后可以直接挂晾。

家具全数为可折叠式家具。减少物品的数量固然重要,更重要的是在此基础上有意识地强调"能否压缩体积"。这么一来,打扫、搬家都变得很轻松。

吊顶式智能投影仪。兼具吸顶灯的功能,无须接电线,省去了排线的烦恼。

我很喜欢用这款拆下木质把手就能从平底锅变身为黑色大盘子的 JIU 藤田金属铁锅。白色的双层饭盒是 THANKO 牌单身专用超高速便当盒兼电饭锅,这款产品可以用来煮饭,煮完即食,减少要洗的餐具。

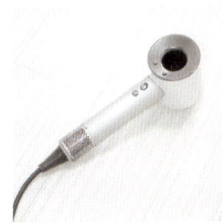

戴森的吹风机。造型简洁但风力强劲,能快速吹出想要的发型。

寝具套组。用可折叠式床垫搭配睡袋睡觉。睡袋具有坐垫、被子、登山睡袋 3 种使用方式。

防灾用品套组(左)与储备粮食。人们没有准备防灾用品的普遍理由是没有地方放,所以不减少东西,防灾便无从做起。

一年四季只有10件衣物,每天同一副行头

经过层层严选,衣柜里放的全部是黑色的衣物。因为每天同一副行头,所以起床后无须烦恼如何搭配。

春夏秋冬各季的衣服加在一起一共10件(T恤3件、高领长袖2件、夹克1件、羽绒背心1件、大衣1件、细腿裤1条、运动休闲五分裤1条)。

根据每季搭配度过365天。每天同一副行头。唯一不同是从夏季的T恤层层套上衣物而已。

同款T恤3件[恒适(Hanes)的"Beefy"T恤]。我喜欢的衣服会一直穿5年以上。

鞋子一共3双。包括2双跑鞋和1双凉鞋[匡威全明星经典款运动鞋和科恩(KEEN)的凉鞋]。

智能戒指Oura Ring3。这是一款能监测体温、心跳情况与睡眠质量的戒指。因为随时与智能手机相连,所以能自动记录身体状况。

与减少物品相关的 12 款 App

谷歌日历（Google カレンダー）：这是代替手账的 App。由于具备行程管理功能，不再需要待办事项的 App。因为谷歌日历与谷歌电子邮箱自动同步，饭店、航班的预定时间也会自动添加。

280blocker：广告拦截 App。阻止网页显示广告就能避免无用信息的干扰，浏览网页更迅速。

TORISETSU（トリセツ）：让说明书电子化的 App。用来整理各类家电、小工具的说明书。

Feedly：用来集中浏览喜欢的博客、网站的更新内容。省去了每天从不同网站收集信息的麻烦。

7-11 Print（かんたん netprint）：不再需要家用打印机。把想打印的文档通过 App 上传，前往 7-11 便利店的打印机即可打印，一张 10 日元起。省去了换墨盒的麻烦。

CamScanner：让文档电子化的 App。舍不得丢的文件可以通过这款 App 扫描成高清电子文档保存。

少年 Jump+（ジャンプ＋）：出于兴趣每周订阅的《周刊少年 Jump》杂志的电子书 App。原本厚厚的一册实体漫画书变成电子书，轻巧方便。比实体书定价便宜 10 日元也是重点。

ChargeSPOT：智能手机共享充电宝服务。用户可以搜索共享充电宝的位置，并进行支付。

共享雨伞（アイカサ）：共享雨伞服务。租用一天只需 70 日元。遇上突然下雨，比在便利店买雨伞来得便宜又环保。一旦使用完毕，可以在雨伞分享点归还，这比自己带着雨伞出行方便。

共享单车（チャリチャリ）：福冈、名古屋、东京的共享单车服务。以 1 分钟 6 日元（电动车 1 分钟 15 日元）的价钱就能使用市内的自行车（电动车）。在各地的单车共享点租借、归还很方便。无须在雨天套上防雨罩，也无须留意车胎，方便又实惠。

MoneyForward：统一管理多种电子支付服务及银行账户余额的 App。

StickyNote：可以直接在手机主页面上显示便签的便利贴 App。一目了然，减少漏看的情况。可以随时打开，记录当下的想法。

智能手机极简管理术

第一页主页面

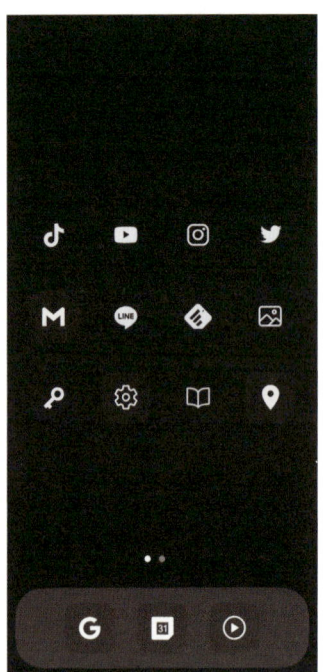

第二页主页面

(1) 固定在页面下方的 App 保持在 3 个。4 个及以上就很难立刻做出决定，也会挤满下方的空间。
(2) 打开智能手机，第一页主页面已经用 Nomad iCon 换成了黑白色画面。上下留白的页面可以减少视觉上的干扰，用拇指操作起来也很方便。
(3) 在第二页主页面上，将使用频率较低的 App 用文件夹分类。拇指难以操作的手机页面上方放有备忘录及显示阅读书目的小部件，随时可以打开备忘录或正在阅读的书。

喜欢的小工具和常用物品

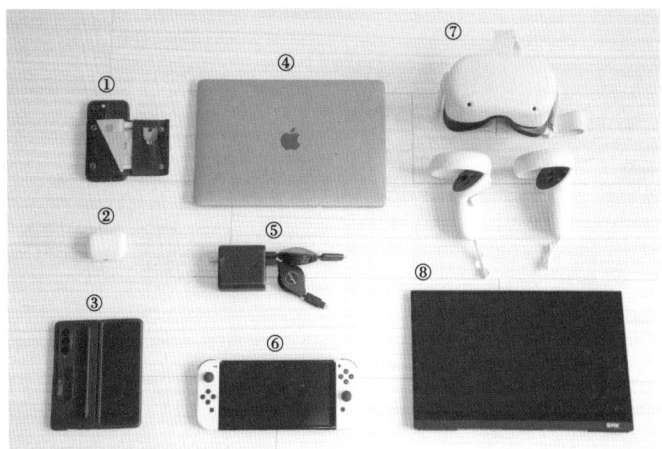

【喜欢的小工具】

① 苹果手机 iPhone 13 mini：智能手机搭配与手机壳一体的"手机壳钱包"，以此实现无现金生活。
② 无线耳机 AirPods Pro：可以省去麻烦，因为有降噪功能，可以防止噪声疲劳。
③ 三星 Galaxy Z Fold3：折叠屏智能手机。因为手机屏幕可以对折，单手持握操作轻松，内屏大屏幕方便电子阅读，也可用触屏笔书写记录。
④ 苹果笔记本电脑 MacBook：用于工作的笔记本电脑，买的是电池续航时间长的 M1 芯片的机型，所以外出时无须携带充电器。
⑤ 安克二合一充电器 Anker PowerCore III Fusion 5000：内置插头的移动电源。它可用作充电宝和移动电源，也可用作防灾工具。充电线统一选择伸缩数据线。
⑥ 任天堂游戏机 Switch：家用游戏机。机身小巧，没有电视也能玩。
⑦ Meta Quest2 头戴式显示器：VR 头显。使用它可以在虚拟空间中办公，也能和朋友一起玩桌游。
⑧ 极摩客 GMK：4K 便携式显示器。14 英寸[1]、4 毫米超薄显示屏，可与游戏主机连线，也可以用来编辑单反相机拍摄的照片。

---

1 英美制长度单位，1 英寸等于 1 英尺的 1/12。——译者注（下同）

【轻便出行时的常用物品】

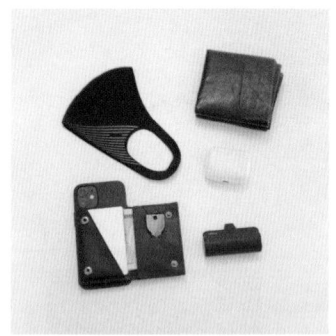

凯朵（KATE）的小脸口罩、iPhone 13 mini 手机、手机壳钱包、可以折成正方形的环保袋、AirPods Pro 耳机、口红大小的口袋充电宝。

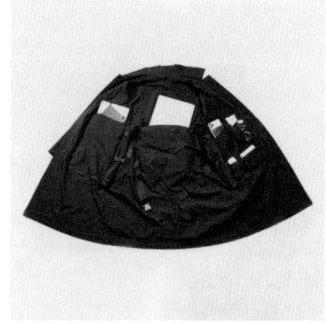

带着笔记本电脑出门时会将其放入 Bagless Coat（外部无口袋大衣）的背部内侧口袋收纳。如果只是两天一夜的短途旅行，内衣裤也可以放入这件大衣的口袋中，做到"腾出手"旅行。

我的人生从放手开始——

前言

穷人家里东西越堆越多的原因

"电视剧里会刻意增加穷人角色家里的东西,通过塞满房间的空余空间来体现'贫穷'。与此相反,如果是一栋豪宅,则会减少物品,通过增加不放置任何物品的地板面积来呈现'富裕'。"

从一开始就使用"穷人"这样的字眼实在抱歉,但这是电视剧的道具组人员说的话。另外听说在宣传单的设计上也有类似情况:针对高收入人群的高档品牌,宣传单的设计会增加空白部分,以凸显商品的价值;而针对低收入人群的超市大减价,宣传单上会密密麻麻塞满各类信息,凸显如何划算。

当然,也有物品众多的亿万富翁,人生的差别并不只是拥有物品的数量或收入的多少。问题在于一个残酷的事实——我们将人分为有钱人与穷人，并用不同的方式再现他们的室内布置、呈现他们喜爱的商品。说白一点，我们发现穷人的家里堆了很多东西。这是为什么呢？

也许有人会说："有钱人的房间比较大，所以东西看起来就少。"话虽如此，但应该很少有富裕的家庭会在放满杂物的桌子上吃饭。会不会因为不需要的东西堆着而感到不适？能不能对无谓的支出说"不"？——这是"意识"的问题。

（1）买东西。
（2）钱变少。
（3）为了把钱赚回来而工作（出卖时间）。
（4）东西变多，以至于花更多时间在整理东西、找东西上。
（5）花在整理上的时间、精神上的松弛感都会逐步归零。
（6）房间里堆满了东西，凌乱不堪。
（7）为了缓解压力而回到步骤（1）。

这一负面循环是万恶之源，我还住在老家的时候也是如此。富裕的时候，手头的东西反而少，后来父亲个人破产，家里没有钱的时候东西反而变多，显得杂乱不堪。

"你失败的原因就在于无端浪费精力。"《全职猎人》中的西索这么说过。《境界触发者》中的东队长也曾说："增加信息量，让对手忙中出错，慌中出乱，乘虚而入。"《周刊少年 Jump》

漫画杂志中的一个个强者异口同声这么说，不会有假。要说缺什么，缺的是"留白"。

言归正传，说说我的老家吧。

我在以专业投资获取财富的父亲身边长大。在家境富裕的时候，身为家庭主妇的母亲把家里整理得井井有条，打扫得干干净净。雷曼事件[1]发生后，父亲的投资事业也开始走下坡路，最后不得不宣布个人破产，家里的情形也一落千丈。

明明是300平方米的大房子，却变成了外面的庭院堆满容器、屋里东西多得不能再多的"垃圾屋"。父母沉迷于网上购物，总是以"在打折很便宜""可以积很多会员积分"为理由买东西，以至于整个玄关堆满了塑料瓶和纸箱。买来的东西乍一看十分划算，到头来却过了保质期；或是因为囤货的关系吃个不停，导致越吃越胖，不忍直视。购物带来的新鲜感很快消失殆尽，心情和存款一样降到谷底，连收拾的余力都没有了。

"越贫穷，思维变得越迟钝。"正如这句话所说的，许多正为金钱发愁的人会出现智商下降10分、思维能力降至熬夜后的八成水准、压力指数上升等情况。

---

1 2008年，美国第四大投资银行雷曼兄弟由于投资失利申请破产，引发了全球金融海啸。

不仅金钱如此，房间也是一样。如果地板上东西杂乱不堪，就有拘束感，情绪也会受到影响。要是连下脚的地方都没有，就得白白耗费精力跨过杂物，甚至有可能因此受伤。这正是过度消耗精力的现象。如此一来，在无法做出正确判断的情况下，因为贪小便宜，使得物品增加，无法积攒足够的资金，无法让自己从"重视数量"转变为"重视质量"，这也是一大问题。

所以越是在手头紧或是内心煎熬的时候，越是要致力于减少物品，从而彻底摆脱负面循环。

因此，本书建议通过舍弃物品来为人生创造"留白"。通过不断减少不必要的物品，依靠少量的固定开销（最低生活费）来生活。这样一来，工作与家务占用的时间也随之减少，生活自然多出留白。

接下来只要为了生活所需而工作，享受自己的爱好，悠然自得、轻松自在地生活就好。如果想要更多的钱，不妨利用多出来的精力掌握一些技能，从而提高收入。

如此一来，你就有权不必为了金钱而出卖自己的精力和时间。

这就是我所认为的"幸福的基础"。

设计的词源是"削减"

"要做的事情太多,累死人了。"
"我不知道自己要做什么。"
"想做的事情很多,但我没有钱也没有时间。"

我常常收到这一类倾诉烦恼的来信和相关咨询。咨询人或感到人生艰难,或处在迷茫的状态——这和没有指南针在大海中持续漂流没什么两样。

解决此类问题的方法,是尽早设计规划出自己的生活方式。

听到"设计"这个词,你会联想到什么呢?

有的人会想到设计物品,即设计师的工作;有的人会想到造型漂亮的东西或是时尚而美丽的东西。然而除了东西需要设计,我们普通人的生活方式更需要设计。

设计(design)一词的词源是"de+sign"(削减+表示)。也就是说,设计并不是添加装饰。

例如,苹果公司的音乐播放器 iPod 和手机 iPhone,在实体按键的数量上，都比以往的产品要少。这一设计让操作更简单、更直接，深受广大用户的喜爱。

越是削减，越能凸显。越是凸显，越能呈现对自己重要的东西。正因为如此，我们才认识到什么是自己最珍惜的东西。一旦懂得珍惜，"后悔""痛苦"便从人生中销声匿迹。

总之，所谓设计生活方式是指"决定不做哪些事情，免受琐事困扰"。

以我为例——

· 我没有车。出行使用共享交通工具，一般以步行的方式在城市中生活。
· 上街不带包。尽可能空手出门，从而扩大自己的行动范围。
· 不贷款。买东西时选择一次付清，或使用租赁服务，以免承受还款压力。
· 不求提高生活水准。比起提高生活水准，更重视闲暇时间。
· 不做家务。通过扫地机器人、滚筒式洗衣烘干一体机等工具让家务自动化。

以上种种，总而言之，我以"不拥有物品"为方针。

如果生活能做到随遇而安，那该有多么轻松啊！选不选择这样一种顺势而为的生活方式，是你的自由。

然而在这个物品泛滥、信息爆炸的时代，面对社交媒体或广告上别人推荐的好物、报纸或电视上的负面信息，我们如果不假思索地全盘接受，就会觉得"这样就行"，变成一个无法肯定自己的人。

我将所有物减少至 250 个，下定决心搬进"四叠半"[1]、每月租金 2 万日元的房间，并用自由职业为数不多的收入实现了向往的独居生活。

因为想通过独居生活充实自己的时间，并不想工作太多，所以我将每个月的生活费缩减至 6 万日元，一周也只安排 3 天的工作时间。这样我比任何人都拥有更充裕的时间。生活悠然自得的同时，也坚持自己的兴趣，不断进行博客写作。如今我的博客吸引了众多读者，积累了不少人气。

我的人生从放手开始。

"就算没有东西，也能想出法子来。"
"用少量的钱，也能生活下去。"
"生活做减法，反而过得更自在。"

---

1 四叠半约 8 平方米。叠：日本常用的表示面积的单位，一叠即一块榻榻米的面积。四叠半是日本建筑中最为标准化且最小的居住单位。

正因为体会到这些事情,我的人生开启了简易模式。

将"放手"和"保持留白"进行到底,成为我生活的基础。

"拥有即成本",选择了"不拥有"的生活方式后我才明白这个道理。

"减少拥有的物品就能改变人生?你说得也太夸张了。"也许你会这么想,但我这么说是有根据的。

物品一旦变少——

· **钱会变多:** 花在物品上的开销变少,就能摆脱暗无天日的长时间工作。你的工作压力会降到最低,也能彻底告别不必要的消费和暴饮暴食。

· **时间会变多:** "购买物品 = 消费时间",为了买东西,就必须增加工作量。减少了物品,花在清扫、维护等家务上的时间也随之变少,从而保证更多的时间花在兴趣和睡眠上。

· **从空间的束缚中解放:** 能够减少家中保管物品所需的空间(我的房间是 19 平方米,月租金 35 000 日元,所以每平方米月租金大约 1840 日元),能搬到房间更紧凑、租金更便宜的房子。可以随心所欲地选择想住的地方。

· **身体和大脑变得不易疲劳:** 包重了,背起来就容易累;肩上的东西轻了,就能减少体力消耗。这么一来,行动范围扩大，人变得更有活力，减肥进行起来也会很顺利。另外，因搜索、困惑、选择产生的压力也会减少，也无须烦恼如何整理东西。减少囤货行为，就不用一直操心是否过了保质期。

· **内心变得松弛从容：**"要是弄丢了怎么办？""我能够维持现在的生活吗？"……从这些不安和执念中解脱出来，工作与人际关系也接近理想的状态。

总而言之，"拥有即成本"，需求以外的物品会导致无谓的行为和压力，也会直接引发各种烦恼。

另外，人们大都认为"终活"（为临终做准备而参加的各项活动）这种减少所有物的行为仅限于高龄者，但如今十多岁、二十多岁的人不妨也趁着年轻减少自己所有的物品。究其原因，当下进入了物品泛滥、信息过剩，收入却迟迟不见增长的时代，收入相对较少的社会新鲜人可以将生活费控制到最低，让自己身处随时可以轻松搬家的环境——越是年轻，越能活得"无物一身轻"。

话虽如此，我也明白那种想减少物品却害怕扔东西，或是身边的物品太少，会让自己缺少安全感的心情。

我原本也是一个对物质执念很强的人。我也曾想住在高层公寓的较高楼层，坐拥满是高级音响和最新型家电的房间。车要有两辆，一辆是可以全家人舒舒服服出行的八人座大型车，另一辆是约会时给自己长脸的敞篷车。带美女回家，晚餐时一手拿着红酒——这是我曾经的梦想。

为了达成这个梦想，首先得年入 1000 万日元。要付出超出常人的努力，考进一流大学，并进入大型企业工作……我曾经因为这么想，不惜重考了两次大学。考试以失败告终，我开启了打零工的生活……

因此，我并不否定拥有物质这件事。为了得到想要的东西，必须付出超出常人的努力，在此过程中获得的经验有可能对人生大有裨益。我非常能够体会"有了这个才能继续努力""每样东西都很重要"这种被物质环绕而安心、追求物质者的心理。

我也是成年之后，有幸工作顺利，22 岁的时候创业成功，达成了年入 1000 万日元的目标（平常我不会炫耀自己的年收入，为了让本书更有说服力，只好公开）。我比许多人先行一步满足了自己的物欲也是不争的事实。

然而，那些为了让自己安心而买下的东西，因为担心失去后自身难保，可能反过来成为不安的源头。 越习惯靠钱来解决问题，越会变得只通过数字比较自己与他人。"我那么会赚钱真厉害""人外有人，要是和年入 3000 万日元的人比起来算不了什么……"到头来为了不让自己赚的钱缩水而操劳过度。

所以我敢在此断言，我不再从物质中寻找幸福感，并不是因为物欲得到了满足，而是因为开始了极简生活之后，我的身边反而围绕着过去求之不得的东西。我想要的东西并不是物质上的，也不是财产，而是有宽裕感的生活、热衷的爱好、和重要的人共度时光……现在的我因为无形的东西而感到满足。动不动就出手，"这个不过瘾""那个也想要"，才会欲求不满。对于会拖累自己的脚步、不需要的物品毫不留恋，才是无欲无求的心态。

减少物欲，才能忠于物欲。

你是"持有派"还是"不持有派"？

正如购买物品能带来刺激感，减少物品也能带来爽快感。也就是说，减少物品的欲望和持有物品的欲望，从根本上是一致的，不外乎"想解决当下的烦恼"或是"想让心情变好"，差别只是方向上的不同——一方是增加，另一方是减少。

就好比——

"你喜欢猪骨汤，还是酱油汤？"
"你选择租房还是买房？"
"约会的时候，是你请客还是 AA 制？"

以这种轻松的感觉来看待上述问题也无妨，世上并不是所有问题都是非黑即白。然而越是极端的问题，越能展现人的本性。就像我把物品减少到极致，才意识到这个需要、那个不需要，只有放下折中意识，不断挑战极限，才能真正达到中庸的境界。（中庸是不偏不倚、不多不少的状态；是一种当对立的意见存在时，不偏信一方，同时接纳双方优点的想法。）

所以"哪边都行"或是"可以是 A 也可以是 B"这样模棱两可的意见反而没有价值。这么做只是停下了思考，有没有都一样。

然而世上似乎有很多人因为自己的意见和价值观与别人不同，就遭受人格否定一般的误解。如今通过社交媒体和其他网站可以接触到各种各样的意见与价值观，这种现象正在加速发生。

我并不奢求大家百分之百同意我的想法。接触与自己截然相反的价值观，反而会受益良多。"原来还有这样的思考角度""这点我无法赞同，但那点好像很有用"——如果本书能为大家带来这样的思考，那将是我莫大的荣幸。

目录

CONTENTS

序章
极简主义者入门

为什么"极简主义者"源于"艺术家"? —— 002
"极简主义者的定义"与"我放手的东西" —— 005
减少物品就会变得幸福的理由 —— 009
关于"减到多少才够"的指标 —— 012
腾出手是贵族的象征 —— 015
每月6万日元无压力自由生活的收支明细 —— 018

第一章
为什么越来越多的人需要极简主义?

极简主义成为工作的根据 —— 024
一部智能手机就无所不能的"风之时代" —— 026

被物品和病毒扼杀的风险 —————————— 028
　　从物质世界转型为虚拟空间 ————————— 030
　　信息爆炸时代下"电子极简主义者"登场 ———— 032
　　急剧增加的抑郁症患者与想要"FIRE"的年轻人 — 034
　　"减少"比"增加"更容易出成果 ——————— 036

第二章
没有留白就变笨蛋

　　心里没了从容,"不安"才会蠢蠢欲动 ————— 040
　　被警察带走,强制执行数字戒断 ——————— 042
　　不是努力工作,而是减少生活的浪费 —————— 046
　　"随时可以放弃"造就100分的成果 —————— 049
　　创意藏在"积极、刻意的独处"中 —————— 052

第三章
从江户时代学习放手的诀窍

　　幸福靠减法创造 ———————————— 056
　　源于江户时代的共享服务 ————————— 060
　　处于随时可以搬家的状态十分重要 —————— 063
　　疲于社交媒体和信息爆炸的现代人 —————— 066

第四章
减少物品后的收获

减少物品是"赚钱的训练" ——— 072
从小处着手,边行动边学习极简思考 ——— 075
无物一身轻———随时可以搬家的方法 ——— 079
"房间是心灵的镜子"是真的吗? ——— 082
极简主义者"压倒性的生存力" ——— 085
一辆出租车就能搬家的"轻盈感" ——— 089
从取舍中自然磨炼而成的"美感" ——— 091

第五章
性格见真章———"物品的增与减"

练习放手是不断了解自己的过程 ——— 096
决定不做什么,培养减少消耗的习惯 ——— 099
越敏感的人越应该减少物品 ——— 102
减少物品不能完全丢给他人的原因 ——— 105

第六章
为人生找回留白的"减法"

极简主义者的"减物路线图" ——— 110
舍不得扔东西的人的共同点 ——— 112
"什么都不放的地板面积"扩大到30% ——— 115

比起减少什么，更重要的是留下什么 —— 118
先减少拥有成本高的物品 —— 121
人类的进化史就是一部"省去麻烦"的历史 —— 125
既不卖也不转让，而是"当作垃圾丢掉" —— 128
舍不得丢东西的人不妨"缩小物品的尺寸" —— 131
需要的东西，一度放手也会回到身边 —— 135

第七章
不过度拥有的"加法法则"

人生不是"不断做加法"，而是"先加后减" —— 140
思考物品的"退场策略"与"流动性" —— 143
"单点豪华主义"与"舒适原则" —— 146
物欲只有买到手才能放手 —— 149
科学证明"体验比拥有重要" —— 152
放弃现金与先消费后付款，手头的钱就会变多 —— 154
减少物品的奥义是灵活运用智能手机 —— 157
通过无现金支付积累"信用分数" —— 160
不要轻易参与积分活动 —— 163
不拥有自己无法善后的物品 —— 165
为什么不是练习"丢弃"，而是练习"放手"？ —— 168

最终章
从留白中遇见真正的自己

生活松弛从容，才能爱上无用之物 —————— 172
钻研"无用"的闲人越发稀有的三个理由 —————— 175
不能因为兴趣而毁掉生活 —————— 180
"产出"才能成为抵挡"消费"的盾牌 —————— 182
尝试创造留白，面对自己吧 —————— 185

后记 —————— 189

序章

极简主义者入门

为什么"极简主义者"源于"艺术家"?

你听过"极简主义者"(minimalist)这个词吗?它的词源是 minimal(最小限度的),这个词被用来指代"以最少的必需品生活的人"。2015 年,该词被列入"U-CAN 新语·流行语大奖"的提名名单。

如今这个词被当作搜索租房的条件之一,用来表示适合家具少的人入住的紧凑房型,"#极简主义者"这一标签在不动产网站上也被使用,而且 2021 年播放的《盛装打扮的恋爱也有理由》一剧中,主角设定为极简主义者。电视剧中出现了"那家伙是一个身边没有杂物的极简主义者哦""嗯,我只想留住真正重要的东西"这样的台词。

然而,极简主义者一词的起源并非"不带东西的人",而是"艺术家"。

也许你会觉得创造东西的艺术和减少东西的生活方式互相矛盾,但为什么会从"艺术"中衍生出"以少量的物品生活"的概念呢?

极简主义(minimalism)这个词可以追溯到 20 世纪头十

年，源自建筑、音乐、美术等艺术领域。其表现手法是为了追求作品的完成度，不多做装饰，而是敢于只留下最低限度的元素。也就是说，极简艺术的专家曾在一段时期内被称为极简主义者。

比方说，深受极简主义者爱戴的口号"少就是多"，是现代三大建筑大师之一的路德维希·密斯·凡·德·罗提出的。他经手建造的办公大楼等建筑，常常通过减少墙壁与柱子的设计，让房间的使用方式不受限制，从而打造出自由度极高的空间。这种设计手法被称为"通用空间"。

在音乐方面，最近优兔（YouTube）的音乐频道"THE FIRST TAKE"也以极简主义的风格成为热议话题。在纯白的录音室，只靠架起一支麦克风，让人气歌手以只录制一次的形式演唱。《红莲华》（原唱 LiSA）、《猫》（原唱 DISH//）、《向夜晚奔去》（原唱 YOASOBI）的播放次数都超过了一亿次。该音乐频道通过彻底削减演唱中的花絮，将呼吸的节奏、视线的移动这些音乐专属的魅力彰显无遗。

制造业也是如此。苹果公司的产品就以极简主义的设计而广受青睐。该设计为了凸显 iPhone 手机背面的苹果标志，将不必要的装饰削减到了极致。换句话说，**极简主义的本质在于"凸显"，即为了突出某一重点而削减其他要素。**

比方说，为什么法国料理在很大的盘子上只放少量的食物呢？

杉本敬三主厨在电视节目《情热大陆》中给出了他的解答："这是将大盘子当成了画布的概念哦！人的视线只能聚焦在一点，图案分散的话，就会变成背景。所以让图案集中于一点，才更有说服力。"

这一"凸显"的想法并不仅限于设计，也适用于生活方式。苹果公司的创始人史蒂夫·乔布斯以"每天同一套穿搭"在业界闻名。他总是穿着三宅一生的黑色高领毛衣、李维斯的牛仔裤、新百伦的运动鞋，他的这一穿搭就像某种制服一样。据说他会订购几十套量身定做的衣物，并坚持只穿那些衣服。他为了打造出最棒的电脑产品，决定在生活中省去思考搭配服装的时间，从而能将更多的时间和精力投入工作。乔布斯这样的生活方式，以及为了想做的事情而决定不做什么的极简主义美学，即"生活方式的设计"充分反映在他设计的产品之中。极简主义的专长在于一种设计手法，它以少量的劳力创造最大的效益。这一手法不仅限于制造行业，还能用于以下场景，思考"这些真的需要吗""放弃后情况会不会反而得到改善"这类极简主义的问题，并用于设计自己的生活方式。

- 通过减少东西，减少日常做家务或找东西的麻烦。
- 降低搬家的难度，可以随心所欲地选择想居住的地方。
- 东西少，打造出灾难应对能力强的空间，增加生存力。
- 减少浪费，增加投资自己与股票的资金。
- 减少包里的东西，让脚步变得轻盈，增加日常的运动量。
- 减少接触社交媒体、智能手机的时间，克服信息疲劳。
- 制造无所事事的放空时间，找出自己想做的事情。

"极简主义者的定义"与"我放手的东西"

所以说到底,极简主义者的定义是什么呢?

创造出极简空间的建筑师就是极简主义者吗?
写出极简曲风的作曲家就是极简主义者吗?
设计出极简产品的设计师就是极简主义者吗?

如果是这样,只要秉持极简主义的思维,就算身边东西很多,也能算是极简主义者吗?

非也非也,现代的极简主义是基于"拥有太多东西并不好"这一时代背景产生的,因此最低限度地持有较少物品的人才能被称为极简主义者。

其实我觉得以上都是正确答案,而且下定义本身也许并没有什么意义。极简主义存在"所有物少""省时省力""美观"等多个视角,优先顺序因人而异。

此外,就算是所有物少的极简主义者(本书称此类人为"物质极简主义者"),有些人对东西不讲究,只要能用,就算价值 100 日元也没关系;有些人像我一样,就因为东西少,所以只挑优质的物品，选购物品时精挑细选。所有物少，和喜欢所有物其实是并行不悖的。

另外也有不优先考虑东西多少的极简主义者。有一类人统一购买设计精简的东西，是将美感放在首位的极简主义者（本书称此类人为艺术极简主义者）。还有一类所谓的"数字极简主义者"，他们尽可能地减少一切数字化的生活方式。与此相关的书籍也颇受欢迎。之所以会出现数字极简主义者，是因为一部智能手机将所有事情电子化，反而引起了信息疲劳现象，这一负面影响已然成为问题。

总之，语言和称呼随着时代的变化而改变。极简主义者一词并非那么单纯，它存在不同的生态系统。

唯一能够确定的是，无论是哪一种极简主义者，他们都有各自珍视的价值观，并以此为据，不断精简物品。这一点是不可动摇的事实。

因此，本书将**"为了凸显重要的事物，刻意精简其他的人"**称为极简主义者，并以物品为主轴，为大家展开讲解。

我根据极简主义的定义，列出了我放手的一部分物品。

- **钱包：**只将纸钞和三张卡放入手机壳里，转型为无现金生活。

·**眼镜和隐形眼镜：**做了视力矫正手术，实现裸眼看世界。同时有利于防灾与减少随身物品。

·**电视：**改用不占空间的吊顶式智能投影仪看视频。

·**床：**改用折叠式床垫睡觉。房间变得更宽敞，搬起家来也更简单。

·**冰箱：**去附近的超市买当天的食材，当天用完。

·**洗衣机：**使用公寓里的投币式洗衣机。

·**纸质书与书架：**改看电子书，不用担心纸张老化，随时随地用手机阅读很方便。

·**浴巾：**体积大又很难晾干，改用尺寸较小的面巾。

·**洗发水：**不用洗发水，坚持用温水洗头，改善头皮发痒的问题。无须补充洗发水。

以上这些只是一小部分，充其量是对于我来说不需要的东西。生活方式因人而异，床、冰箱、纸质书都可能是某些人眼中的必需品。有些物品，就算一时放手还会重新买回来使用。

比如说，我最近为了保存抗过敏的新药而需要冰箱，我选择购买并使用移动式迷你冰箱。这个迷你冰箱放不了什么食材，本身也不占空间。另外，现在我有一台滚筒式洗衣烘干一体机。我一开始不买洗衣机是为了尽可能减少独居生活的初期成本，后来因为改变了观念，想尽可能减少做家务的负担，所以买了这台洗衣机。如果我搬到新房子，放不了这台洗衣机，我就会转让给朋友。滚筒式洗衣机很受欢迎，很快可以找到想要的人。

重点就是**"当下需要多少，手上就保留多少"**。当下不需要的话，可以通过二手交易平台"煤炉"（Mercari）或社交媒体轻松地找到需要该物品的人。随着亚马逊的问世，物流也变得迅速。**这样做的目的是：根据当下的生活需求增减所有物，让手上持有"最低数量"的物品。**

我在没有房子、漂泊不定的时候，生活处于最精简的状态。因为当时住旅馆，身边的所有物少到只塞满一个手提箱。如今我租房过日子，虽然东西增加了一些，但处于最舒适的生活状态。

减少物品就会变得幸福的理由

极简主义者过着刻意减少所有物的生活。然而有些人对于这个名号抱持怀疑的态度，也有些人至今还质疑是否真的有必要减少物品。

若用一句话概括东西少带来的幸福感，那就是**"旅途一身轻"**。

旅行的时候，一个背包为我们搞定生活的林林总总，一间干净整洁的酒店房间让我们安顿歇息。旅行的前一天，我们会考虑如何穿搭以便享受观光。因为能带的衣物有限，所以自然而然会选择最中意的穿搭。

至于化妆品、常用药，也只带上不带不行的物品，那些"带着虽然方便，没有也不碍事"的东西就会放在家里。就算真的忘带了，大不了去当地买，应一下急，总之会朝积极的方向思考。如果去自己开车到不了的地方旅行，就会在当地租车，不会有移动上的不便。

到了目的地，可以放空休息，也可以带着好奇心散散步，或是休闲一下玩个痛快。旅行期间完全不用担心平日烦心的家务和工作。外出时把行李寄存在酒店或是投币式储物柜，就可以腾出手来轻松散步。早上也无须为了穿搭伤透脑筋，只要按照旅行前一天想好的穿搭来即可……这种轻盈感、舒适感正是极简主义者口中"东西少带来的幸福感",也是一年365天都可以保持的感觉。

江户时代的俳句诗人、浮世草子[1]创作者井原西鹤也曾提到"巧于旅行者善于轻行"。旅行时轻装上阵才能激发源源不断的**行动力,带上少量行李却包括所有的必需品**,这才是旅行的行家。一味增加行李算不上本事,减轻行囊才是明智之举。

轻车简行,就不必特意找人拎包,雇人打扫。

旅行的幸福也能在日常生活中呈现。我们在听到减少、没有、少量这些词的时候,会很容易联想到减法,却很难进一步关联到幸福。然而可以确定的是,减少物品也是一种获得幸福的方法。

我们刚才以旅行类比极简主义者的幸福,现在让我们从科学的角度进一步分析。之所以东西越少变得越幸福,是因为我们可以从"选择的悖论"中解脱。选择的悖论是指"**选择越多,人越容易感到不幸**"的一种心理状态。根据心理学家巴里·施瓦茨的观点,选择多会有以下三项缺点。

(1)产生无力感(选择变得困难)。
(2)满足感下降(对自身的选择产生怀疑与后悔)。

---

[1] 浮世草子是江户时代小说的一种。

（3）期待值拉得过高（可比较的对象增加）。

为了大家更好理解，让我来举例说明。某家超市根据"选项丰富会提升销量"的假设，比较了提供24种果酱的卖场和提供6种果酱的卖场的销量。其结果是，选项较少的卖场的销量高达提供24种果酱的卖场的10倍，与先前的假设截然相反。这一现象被称为"果酱法则"，选项一多，人会因为选择变得困难而产生无力感，最终选择不买。

眼花缭乱的选项会让人的期待值过度膨胀，觉得既然有那么多种可以选，一定存在一种超级美味的果酱。当眼前放着这么多果酱，我们却很难全部试吃一遍。琳琅满目的果酱把我们的期待值拉得过高，就算选择了我们心目中的美味果酱，也很难获得满足感。

换言之，很多人自以为选项越多越好，但从科学的角度分析，结果恰恰相反——选择越精简越好。

这就是为什么极简主义者总是异口同声地主张减少物品，丰富人生。这并不单单是通过减持物品让手里有余钱、时间有富余，更是从选择的悖论中解脱，从而思维清晰、烦恼不再。

那么，为了摆脱选择的悖论，我们该把物品的数量减到多少呢？

关于"减到多少才够"的指标

简单说，解决选择的悖论的方法就是**将选项减少至 3 个**。与此相反，如果选项等于或大于 4 个，就容易出现选择障碍。你有没有听过"松竹梅法则"这个词？该理论是：如果眼前有 A、B、C 这 3 个选项，最容易选出的是正中间的 B 选项，而选项多达 4 个或超过 4 个时，不选的可能性就会增加。

在日本的餐厅，常常可以看见有松、竹、梅 3 种午市套餐可供选择。你是否也有过"太便宜的、太贵的都下不了手，干脆就挑适中的套餐"这样的经验？在商务场景也有类似的情形，跑业务、写提案或做问卷的时候，将方案或选项控制在 3 个有利于提升回答率，这是一项可以运用于各种情况的技巧。如果将这个技巧运用于我们的日常生活当中——

- 平时使用的包或鞋子精简至 3 款。
- 买衣服、家具等物品时，将颜色限定在黑、白、灰 3 种。
- 休息日计划只做读书、收拾和去岩盘浴这 3 件事。

我把以上内容列成 3 条也是出于这个原因。**重点在于"3"，而不是"4"**。在电影《爱情是什么》中有这样一个场景：一位朋友问摄影师有几种相机，结果摄影师回答"3 种"。"你明明是摄影师，怎么只有3种，是不是有点少了？我不是摄影师都有4种相机哦。""3种也好，4种也罢，差别不大吧。""3种虽然有点少，但4种就多了！"

虽然只是一些并不起眼的对话，却佐证了人的认知能力有限，人可以清楚认知并比较的选项数最大值是3。

正如之前提到的，史蒂夫·乔布斯为了避免陷入选择障碍，每天选择同一套穿搭，重点就是**减少选项**。然而一下子将选项减至1种实在有些强人所难，不妨先准备好3套穿搭，像这样有意识地把物品减少至3种选项。

让我再为大家提供一个"减到多少才够"的指标。

比如说，我所拥有的物品数量是250个。这一数字包含养老金手册、信用卡、卫生纸一类的消耗品，以及其他琐碎的日用品。

或许有人会说："刚才你还在说谋求精简并不等同于'减少数量'，怎么现在却又强调数字，这不是前后矛盾吗？"也有些人可能会有以下疑问："极简主义者口中'最低限度的物品'，数量究竟是多少？"**知道自己一共拥有多少东西，并能一件件说出拥有的理由**，我认为这种状态可以作为减少所有物数量的指标。如果你的状态就像电影《搏击俱乐部》中的台词"你占有的东西终将占有你"，就代表你拥有了太多东西。

话说回来,"250"这一数字并没有什么深刻的含义。"为了轻松搬家,只拥有可以一个人搬上车的物品数量""只拥有回报高于'拥有成本'的东西"是我的价值观。经过精挑细选,最后所有物的数量是 250 个,仅此而已。

我所持有的这 250 个东西中的每一个,我都能详细说出拥有的理由。甚至不在家里,都能百分之百地回想出这件东西是哪里买的、是谁给我的、现在放在哪儿。就算家里只被偷了一支笔,我也一定会发现。我并没有刻意记忆,因为当物品精简到了最低数量,就算心里不愿意,也会自然而然地记住这些。

有些人习惯把握自己的身高,以及每个月的生活消费,然而很少有人可以掌握自己到底拥有多少东西。所有的物品也是自己的一部分,了解得越多,思维也会变得越清晰。《丰田式家务分享法》的作者香村薰曾说:"我们家五口人,一共拥有 1800 件东西。"连家人拥有多少东西也了然于胸,着实厉害。就算模仿不了她,大家至少可以先了解一下自己拥有多少东西。

精简物品数量的过程中一定会思考要减少什么、要留下什么,自然而然可以一一说出自己拥有的所有物品。"我把它放哪儿了?""我是在哪儿买的?"这类情况就不会再发生。

腾出手是贵族的象征

我们在听到减少、没有、少量这些词的时候，常常会联想到"贫穷"，但事实刚好相反。极简主义是一种丰富的思想，如果不懂质重于量，没有在重要的事物上敢于花钱的魄力，没有最不济下次再买回来的从容，是无法成功丢掉东西的。正如地位高的人身边会有专门拎包的人，腾出手可以说是贵族的象征。**可以拥有，却刻意不拥有**，这是"强者才有的从容"。

本书的前言部分提到穷人家里东西越堆越多的原因，也提到电视剧常常使用"留白"这一手法。

电视剧《富贵男与贫穷女》就是一个很好的例子。小栗旬饰演一位总资产 250 亿日元、奉行极简主义的富豪 IT 企业社长（以史蒂夫·乔布斯为故事原型），石原里美则饰演一名东京大学毕业的贫穷女白领（家里堆了许多东西）。该剧讲述了两人恋爱及创业的点点滴滴。

电视剧中 IT 企业社长的家是宽敞无比的独栋住宅。虽然有大把空间放置物品，却只放了三样家具——扫地机器人"伦巴"（Roomba）、三人座沙发和商用冰箱。他平时睡在沙发上，喜欢在地板上铺上餐垫，品尝高级红酒。桌子、架子、电视等家具和家电一概没有。偌大的房间里只有三样家具，真可谓空空如也（这里是褒义）。社长在电视剧中说："若要我选择无法接受的东西，我宁可选择不方便。"而剧中的贫穷白领住的约10平方米的房间，东西堆得满满的。

本书在开头部分提到在宣传单的设计上，针对高收入人群会增加空白部分，而针对低收入人群会增加信息量。为什么这种手法在销售时会成效显著呢？如果说得直白一些，是因为收入越低的人群，越不善于选择，越容易以划算为标准购物。

我曾经也是如此——在成为极简主义者，开始放手物品的过程中，我一度认为反正物品总会用坏、用完，花钱买贵的太不划算，用的东西越便宜越好。然而这么想，其实大错特错。便宜的东西，买再多也满足不了自己，便宜没好货，东西越堆越多，"贪小便宜吃大亏"是万恶之源。

"想买一样东西仅仅因为便宜，那请别买；一样东西下不了手仅仅因为它贵，那请把它买下。""容易得到的也容易失去。"正如以上两句话，能否感受物品的价值本来就与价格高低无关，而支付多少金额与下多大决心成正比。"因为便宜，扔了也不会可惜。""反正便宜，大不了重买一个。"这种因为便宜或者因为划算而买下的东西往往用起来不会珍惜。到头来养成了动不动就买东西的习惯，也很难转型为"质大于量"的消费模式。

我为自己定下了不因打折而买东西的准则。等待东西降到划算的价格再买，乍一看是聪明之举，但一旦养成这个习惯，就无法摆脱对金钱过于执着的自己。我之前曾在奥特莱斯购物中心打过工，发现有不少"先买了再说"的顾客。他们各处翻找，盯着折扣高的物品下手。换言之，他们不在乎是不是需要一件商品，只在乎这件商品怎么划算而已。仿佛是在进行一场省钱大比拼。至于这样东西为什么要买，它是否真的是自己需要的，他们不会考虑。如果总是在促销的时候买东西，就很容易因为价格便宜而下手，以至于判断是否需要、有没有买的价值的能力也会减弱。

当然，我也并非完全不买特价商品，当真正需要买的东西碰巧在打折，我就会买。我也会买贴上打折标签的快过期的食品，与其让这些食物报废，不如正好有人来享用。在需要的时间点，买下需要的东西就好，仅此而已。

"原来要成为极简主义者，必须很有钱才行啊……"你完全不必因此而沮丧。"到底该先赚钱，还是先成为极简主义者？"这个问题与"先有鸡还是先有蛋"如出一辙，你无须多加考虑。我原先是一个东西又多、手头又拮据的自由职业者，自从开始精简所有物之后，生活渐渐变得游刃有余。越穷，越会因为减少东西而变得轻松，也越懂得如何取舍。其实这无关金钱，只需要踏出第一步，就能实现有留白的生活。

每月 6 万日元无压力自由生活的收支明细

成为极简主义者的理由因人而异。

- 虽然手有闲钱、经济宽裕，但买再多东西也无法满足的人。
- 想逃离堆满东西、凌乱不堪的脏房间的人。
- 因为地震等灾害，意识到需要减少物品的人。
- 向往空间简单整洁、井井有条的人。

一位在社交媒体关注我的粉丝说："在我因为 ADHD（注意缺陷多动障碍）去医院就诊时，医生向我介绍了你。"原来医生说如果他不想数次购买相同的东西，或是出现丢了东西、找不到东西的情况，那就有必要学会精简物品。

那么，我成为极简主义者的理由又是什么呢？简单来说，是因为我想用少量的钱开始一个人生活。总之，就是**不想被金钱束缚**。我重考了两次还是没有考上大学，一直住在老家做自由职业，所以我一直希望能尽早独立生活。我在 20 岁的时候，第一次交到女朋友，非常期待在家里约会，而不是在外面约会，总之很想早日离开家里生活。然而当时我一心为了还清高中的助学金忙得不可开交，完全没有存款。

所以我在谷歌上输入了关键字"独居　生活费　平均"进行搜索。结果发现20岁到35岁的人，一个月大概需要14万至15万日元（资料来源于日本总务省2019年公布的家计调查、家计收支、单身家庭调查结果）。然而这一数额靠自由职业很难达成。要达成这一目标，就无法避免长时间工作，结果每个月为了生活疲于奔命。关键问题还是独自生活的初期费用很高，撇开租房押金、礼金、房屋中介费，光是购买家具基本就要花上20万日元（根据房屋中介ABLE的调查数据）。电视机、洗衣机、床具、冰箱……如果还要添置餐具和其他日用品，随随便便就会超过20万日元。

然而我当时的想法是，租房押金、礼金、房屋中介费看来靠讲价是减不下来的，但是家具的费用总是可以减的。不像手续费几乎没的商量，所有的物品是我百分之百可以控制的。其实，我第一次独立生活住的是一间月租金19 000日元、16平方米的住房。试算一下每个月的生活费，结果如下。

- **房租：** 19 000日元
- **水费：** 固定2000日元（管理费含此项费用）
- **燃气费：** 1000日元（在健身房的浴场洗澡，每月只需花费896日元）
- **健身房会员费：** 7700日元（夜间会员，包含租用运动服及毛巾的费用）
- **电费：** 1500日元（没有电视机、冰箱、洗衣机，可以控

制在 1500 日元以内）

・**通信费：** 5000 日元（当时的 Wi-Fi 费用 3400 日元 + 廉价 SIM 卡 1600 日元）

・**投币式自助洗衣费：** 2000 日元（洗衣 + 烘干一次 400 日元，每周一次或以上）

・**餐费：** 15 000 日元（自己做饭，一日两餐。一天的费用控制在 500 日元以内）

・**日用品费：** 1000 日元（卫生纸、铝箔纸等消耗品）

・**订阅费：** 2000 日元（亚马逊 Prime 高级会员费及电子书畅读服务 Kindle Unlimited 等）

・**合计：** 56 200 日元（另有国民健康保险费：每月 2000 日元）

至于住民税，在日本年收入 100 万日元以下的人无须支付。国民健康保险也只需一个月缴纳 2000 日元。国民年金（养老金），可以申请暂时免除，这样就能第一年全额免除，第二年免除 75%，收入增加之前无须全额支付，而且可以在收入增加后补缴。

只要每个月赚到 6 万日元，就可以在家中自由使用网络，畅读电子书，还能去健身房运动，随时蒸桑拿，真可谓毫无压力的简约生活。当我意识到只要减少物品，一个自由职业者也能独立生活，便赶紧开始精简物品。虽然一开始不知道该怎么舍弃物品、减少物品，但想早点离开家的愿望太过强烈，促使我一个劲地减少物品。

你每个月至少需要多少钱才能维持生活？不妨先计算一下每个月的最低生活成本（极简生活成本）吧。只要能具体算出这笔费用，就可以从对金钱无谓的不安中解脱。我自己也是这样，不管是当自由职业者，还是挑战经营公司这一类不稳定的工作，全都是因为我想得很明白——哪怕再次变回打零工的状态，在日本只要一个月有 6 万日元就死不了，而且一周只需工作 3 天就能赚到这笔钱。

Chapter 1

第一章

———

为什么越来越多的人需要极简主义?

极简主义成为工作的根据

容我在此稍做一下自我介绍。我以"极简主义者Shibu"为名开展活动,我的专业是极简主义,从事这项工作进入了第八个年头。"Shibu"是我的姓氏涩谷的简称。

"欸?你以极简主义者为职业吗?"

我自己也觉得不可思议。我在博客、优兔上介绍减少物品的方法,也以极简主义者的视角担任less is_jp的服饰总监,最近着手推出电子艺术产品,还自己动笔写书……为什么我可以从事这份工作呢?话说回来,万事皆有因。

我认为"极简主义者Shibu"这一名号之所以可以成立,是因为**大多数人只了解加法,却没有机会学习减法**。一次我在桑拿房看电视的时候,看到"小学生将教科书留在学校的学习方式得到认同"这一专题报道。其中受访的小学生说:"我开始认真考虑把什么留在学校,把什么带回家;书包变轻了,去学校变得很开心。"学生通过把教科书留在学校的方式学会取舍,摆脱了沉重的书包,上学也变得很开心。批判这种现象是偷懒、娇贵实在很奇怪。近年来,降低成本、保护环境的观念深入人心,无纸化与不受地域限制的云共享越发普及,整个社会似乎朝着认同极简主义的方向发展。为什么极简主义不再单单只是一个流行语，而将成为一种价值观保留下来呢？我为大家总结了极简主义的需求越来越高的五大理由。

- 一部智能手机就无所不能的"风之时代"。
- 被物品和病毒扼杀的风险。
- 从物质世界转型为虚拟空间。
- 信息爆炸时代下"电子极简主义者"登场。
- 急剧增加的抑郁症患者与想要"FIRE"（经济独立，提早退休）的年轻人。

也就是说，社会虽然变得更方便，但总觉得生活举步维艰……让我按照顺序为大家说明这五大理由。

一部智能手机就无所不能的"风之时代"

你是否知道"风之时代"这个词?2020年之前属于"地之时代",像是不动产、自住房、私家车、高级手表这类物质上的富足被视为幸福的象征。然而**如今已进入了"风之时代",重视的是知识、信息、体验等像风一般看不见的、无形的东西**。请看表1-1。

表1-1 "地之时代"与"风之时代"的象征

"地之时代"的象征	"风之时代"的象征
拥有	风向
金钱、物质	信息、体验、人脉
积蓄、累积	循环、流动
固定、安定	移动、流动、革新
组织、公司	个人、自由职业者
性别、国别	无性别、无国界
努力、毅力	喜欢的事情、擅长的事情

现在是靠一部智能手机就无所不能的时代。就算没带现金，也可以通过无现金支付完成结算。在娱乐方面，像 CD、DVD 等影音内容，早已可以通过优兔等网上平台收听、收看。

就算不用专业相机，用智能手机也足以拍出十分漂亮的照片，再通过社交媒体和朋友分享。得益于镜头分辨率的提升，连二维码这样复杂的字符串也能顺利读取。

共享服务也随之兴起。走在大街上，共享充电宝、共享雨伞、共享单车、共享汽车等租赁服务的网点不断增加。只要一扫二维码，就能以较低的价格租借以上物品，之后就算不返回借时的网点，也可以在附近其他网点归还，或直接放在路边。租借这些东西比拥有要方便许多。

因为亚马逊的出现，只要按下一个按键，想要的商品就会在第二天送到家中。就连吃饭，像优步外卖（Uber Eats）等外卖服务，也在疫情流行的大背景之下，逐渐进入了人们的生活。无人机于 2020 年东京奥运会、残奥会亮相，在中国，无人机送货服务正如火如荼，物流速度越来越快，像血液循环一般顺利运行。

以前我在一次采访中被问及："什么东西是你绝对不会放手的？"我当时回答："只要有智能手机和衣物就能活下去。"**随着智能手机的问世、物流速度的飞涨，"拥有"这一概念正逐渐淡化，我们身边的环境也渐渐变得无须囤积物品也适合舒适生活。**

被物品和病毒扼杀的风险

由于新冠疫情，不借由物质实体的技术飞速发展。

- 远程办公备受推崇，出现了无需通勤与会议室的"无办公室化现象"。
- 不再使用纸张文本，出现了连盖章都省略的"无纸化现象"。
- 出现了酒精自动喷雾器等"无接触工具"。

在疫情暴发初期，东京都实施了"STAY HOME 周"（居家周）的措施，建议民众留在家中收拾整理。为什么在那个时间点建议大家在家收拾整理呢？因为有以下让人无法居家的原因。

- 东西多到房间凌乱不堪，待在那样逼仄的家中压力巨大。
- 家中没有多余空间，让人无法动弹。无法在家中健身。
- 因为人际关系的问题，人在家中还是心神不宁。

再加上日本是全球受灾最严重的国家之一。虽然国土面积不及全球的 1%，但全世界大约 20% 的地震发生在日本。日本除了地震之外，海啸、火山喷发、台风、洪水、泥石流、雪灾等自然灾害造成的经济损失，也占全球受灾总额的 20% 以上。（据 2020 年版《防卫白皮书》）。不少极简主义者也是因为东日本大地震才意识到减少物品的重要性。

换言之，**减少物品，腾出空间留白，对预防疫情和灾害也十分有效**。房间变得宽敞舒适，既能减少人与人的密切接触，还能降低灾害发生时被东西碰撞挤压的风险，同时也能预留放置防灾用品的空间，保障逃生路线。虽说当今社会早已无须囤积物品也能安心生活，但是以备不时之需的储备和防灾用品却是例外。日本人防灾用品的持有率仅为 43%，而没有准备防灾用品的最大理由是"没有地方放置"（据 Untrot 有限公司 2021 年进行的防灾意识问卷调查的结果）。

空间上的留白与身心健康、生命安全息息相关。

从物质世界转型为虚拟空间

因为新冠疫情，物质世界向虚拟空间的转型不断加速。大城市在国家的号召之下，半强迫性地实施起了远程办公。由于病毒通过接触传播，因此只能在减少接触的同时继续工作。

结果，新闻报道中很多人表示再也回不到疫情前的通勤方式了。远程办公在新冠疫情前的普及率大约在一成，但在疫情期间大幅增加。

根据营销理论中的"跨越鸿沟"理论（一旦跨过这条普及率鸿沟，新兴产品就会加速普及），这条鸿沟的数值是 16%。因为新冠疫情的暴发，远程办公的普及率已经超过了 16% 这道门槛。这代表一种趋势，即**越来越多的人感受到身处虚拟空间比身处物质世界更加舒适自在**。脸书公司更名为 Meta，引起了广泛关注。Meta 这一名字源于 metaverse（元宇宙）。以 GAFA[1] 为代表的企业也开始着墨于此。

现代社会提到虚拟空间，首先想到的是游戏。新冠疫情期间，任天堂 Switch 游戏机上的模拟经营游戏《集合啦！动物

1　GAFA 是四家全球科技巨头名字的首字母缩写，即谷歌、苹果、脸书（现为 Meta）和亚马逊。

森友会》大受欢迎，很多人在线上的"村庄"集合。在生存游戏《堡垒之夜》里，米津玄师等人气歌手还举办了虚拟线上音乐会。

当世界逐渐向虚拟空间转型时，虚拟道具的价值水涨船高。事实上，在《堡垒之夜》中可以穿戴的"虚拟服饰"（该虚拟物品只是服饰，即便穿上也不会提升角色性能，反倒因为显眼，更容易被狙击）一年的销售额高达30亿~50亿美元（约3400亿~5700亿日元）。这一数字超越了普拉达等知名品牌的年销售额。将《堡垒之夜》称为代表全球的服饰品牌也不为过。

近年来，NFT（非同质化代币）艺术品——一种非物质形态的数字绘画作品——动辄以数亿日元成交的报道屡见不鲜。耐克也以NFT形式发行了"虚拟运动鞋"。迪士尼、三丽鸥也纷纷加入。人们拥有了数字商品，可以用它们装饰虚拟空间，或是通过苹果智能手表的壁纸、投影仪的投影功能自得其乐。

信息爆炸时代下"电子极简主义者"登场

世界正从"所有"转向"应用"。如今那些占空间的东西也可以通过共享或数字化的机制进行利用。你想现在减少东西？那你走运了，现在正是好时机！再也没有比现在更适合用少量物品舒适生活的时代了。

然而，虽然我们减少了物理意义上的持有，也能过上便利的生活，但与此同时，我们还是拥有很多无形的东西——比如手机拍下的照片、工作邮件、虚拟服饰等。因为数字化不会占用物理空间，我们对这类物品的持有接近无限，也不用担心保存期限。虽然放手物品的方法增加了，却出现了搬家难民、垃圾屋、信息疲劳等新型的社会问题。

正是在这种情况下，"电子极简主义者"——把电子生活的方方面面尽数精简的人群——应运而生。只要你曾经在网上浏览过某件商品，该商品的广告就会不断出现。购物网站会收集你的浏览数据（曾在何时浏览过何种商品），精确推送广告，诱导你进行更多的购物行为（我使用广告拦截程序 Content Blocker 预防无谓的支出）。透过社交媒体，朋友们看似充实的生活一览无余。把自己的生活拿来和朋友精彩生活的片段相比，很容易产生错觉——原来自己过得很不幸。如果虚拟空间进一步普及，这一现象恐怕只会有增无减。

"现实世界太残酷，还是网络世界好；网络世界太残酷，还是现实世界好——我们很容易得出这种非此即彼的结论，然而无论是现实世界还是网络世界，都有美好与残酷的一面。"

动画电影《穿越时空的少女》《夏日大作战》的导演细田守，在动画电影《雀斑公主》2021年上映时的宣传册上写了以上这段话。我对此深有共鸣。无论身处哪个时代，新兴技术往往都会成为众矢之的。这些新兴技术到底是毒药还是良药，全凭当事人决定。

我通过网络了解到了极简主义，生活也因此发生了巨大的变化。只要妥善运用新兴技术，它们就能为我们带来加倍的幸福感。无论是物质世界还是数字世界，纸张还是手机，问题都不在于你选择哪一项。**如果无法了解"什么能为人生带来幸福，什么对自己可有可无"，那么无论在物质世界还是数字世界，你都会进退两难。**

急剧增加的抑郁症患者与想要"FIRE"的年轻人

因为新冠疫情的暴发,抑郁症患者越来越多。与疫情前相比,日本国内的抑郁症患者增长了2倍,其他发达国家也增长了2~3倍。"新冠破产"(无力偿还房贷)也一度成为热词。经济来源不稳定的年青一代、失业人群之中,罹患抑郁症的情况日益严峻(根据经济合作与发展组织的报告)。

除了抑郁症患者增加,年轻人之间蔚为话题的还有"FIRE"这个词。这个词的意思是"经济独立,提早退休"(Financial Independence, Retire Early)。一说到"FIRE"这个词,想必会有批评的声音说:"年轻的时候就辞职的话,人生会很无聊的。"

其实这么说也没错。我也是因为以"极简主义者Shibu"的身份从事着一项有意义的工作,才会觉得完全不工作的人生会很无聊。话虽如此,我也曾因为工作疲惫,"好想休息一阵子",而数次停下手中的工作。其实很简单,想休息的时候就休息,想工作多少就工作多少,这样才是理想的状态。

我们暂且不论"提早退休"(RE)是好是坏,"经济独立"(FI)的核心是"不想被金钱束缚"——这个愿望我也深有共鸣。

"不要把生杀大权交给他人！"

这是漫画《鬼灭之刃》第一话中的台词。所谓的生杀大权是指"生存、死亡、给予、剥夺的权力"。我觉得以"FIRE"为目标的年轻人的想法，就浓缩在这句台词之中。另外"过劳死"也是人们口中的热门话题，日本劳动时间之长在全球数一数二。

迟迟不涨的工资、无处不在的过劳死、终身雇佣制的瓦解、给年轻人造成巨大负担的养老金制度，还有新冠疫情引起的经济不景气……存款越少的年轻人，越容易受到伤害。

我自己也算是出于生存的考虑，才选择了极简主义。"可以用最少的钱过日子""不用紧紧抱着现在的公司不放，也能过日子"——我一直希望有这样的选择。如此说来，靠打零工挣6万日元过日子的生存经验，对我保持心理健康颇有帮助。

"减少"比"增加"更容易出成果

请允许我在本章的末尾,再次为大家整理出越来越多的人需要极简主义的原因。

- 一部智能手机就无所不能的"风之时代"。
- 被物品和病毒扼杀的风险。
- 从物质世界转型为虚拟空间。
- 信息爆炸时代下"电子极简主义者"登场。
- 急剧增加的抑郁症患者与想要"FIRE"的年轻人。

我在生活中越来越能感受到减少物品、极简生活与身心健康息息相关。一来我介绍极简主义、号召减少物品得到许多反响;二来我认为,只要通过练习,谁都可以学会减少的方法。

与此相反,收集物品或是大赚一笔这类"增加"的技巧,学起来却没那么容易。

首先,增加物品需要家里够大,大房子要花更多的钱。要有更多的钱,无非增加收入或减少支出两条路。

增加收入需要付出相当大的努力。

如果是上班族，增加收入就意味着要提高业绩、得到上司的首肯、获得职位提升。为了达到这个目标，就得考各种资格证、提高工作效率、勤跑客户，相当消耗时间。

那么"减少"的技巧又如何呢？要节约，只要搬到房租便宜的房子，或是退掉三大电信运营商业务，改用廉价 SIM 卡，总之改正浪费的坏习惯就好。丢弃物品也只不过是重复分类、装进垃圾袋、托人回收大型垃圾、出售 / 转让这些单纯的作业，连小学生也能轻松完成。它并不需要什么高端技术或高级资格证，也无须耗费数年乃至数十年才能完成。

其实有一点鲜为人知。与其花心思增加自己的资源（金钱 / 时间 / 精力），不如下功夫节约资源来得更简单，也更容易出成果。

Chapter 2

第二章

没有留白就变笨蛋

心里没了从容，"不安"才会蠢蠢欲动

本书的前言部分是以"穷人家里东西越来越多的原因"这个相对负面的话题展开讨论的。之所以如此，是因为兜售焦虑的商业模式容易获利。在电视节目和新闻中，煽动外貌焦虑的广告、揭露艺人丑闻等负面报道屡见不鲜。这么一来，节目赞助商的商品也得以大卖。正如麻省理工学院的一项研究成果表明，人们对负面信息的反应强度是正面信息的 7 倍。

比方说，在遇到灾害等非常时期，新闻里总会频繁出现蜂拥抢购卫生纸、口罩的人群。无论是新冠疫情还是第一次石油危机（1973 年）期间都是如此。因为不安而添购物品的情况随处可见，但真正的问题是不患寡而患不均，极少数人抢购导致资源独享、分配不均。

借用相田光男[1]老师的话来说，"争则不足，分则有余"，但其实问题的关键是不知道家里究竟囤了什么、囤了多少量，也不计算多少的存量，可以让自己生活几天。没有把握，自然心生不安。

---

1 **相田光男（1924—1991），日本诗人、书法家。**

不安其实是对环境变化的应激反应，是人类为了生存刻在DNA里的本能。不安这种情绪不都是负面的，它可以让我们想出方法改善眼前的局面。然而本书也反复提到，如果囤积物品超出需要的量，反而成为压力，这是不安情绪在生活中的反面例子。减少不需要的物品，让视野变得更清晰，并正确掌握物品的存量。这么一来，生活中就不需要浪费钱来囤积物品。

换言之，**人一旦没了松弛从容，视野就变得局促狭小**。我之前提到"越贫穷，思维变得越迟钝"这句话，其实有不少科学佐证。《大脑的金钱观：做财富世界的聪明决策者》（克劳迪娅·哈蒙德著）一书中提到，正为金钱发愁的人会出现智商下降10分、思维能力降至熬夜后的八成水准、皮质醇（压力来源）比不担心金钱的人高等现象。所以说，最该放手的是"对生活的不安"。

被警察带走,强制执行数字戒断

曾经,内心失去从容的我过得相当悲惨。

有一件事情我想忘也忘不了。那是某天早上 7 点,发生在老家的事情。

当时父母已经离婚,妈妈与我和妹妹相依为命。我们搬进了木造的公寓生活。有一天,门外突然传来让地板嘎吱嘎吱响的脚步声,然后"叮咚"一声门铃响。我打开门,就看到门外站着 3 名警察。

"涩谷先生,您可以跟我们回署里协助调查吗?"

我被带上了警车,警察开始在我家里搜索。一番流程之后,警察进入了我的房间,查收了我的笔记本电脑、智能手机、平板电脑等所有的电子产品。因为不是逮捕,只是协助调查,所以我没有被戴上手铐,但我现在仍然记得母亲和妹妹吓得脸色铁青、呆立在原地的神情。警察通常会选择居家概率高的早上,无预警地上门。这就是人们口中的"早安门铃"。我当时牵涉到的是一件使用网络犯罪的刑事案件。

至于涉案的手法、动机，具体的内容和经过容我不再赘述。虽然听起来像是在给自己找理由，但当时的我，真的处在人生的谷底，精神上也一蹶不振。当然，这不能成为我做什么事都可以的借口……父亲宣告破产，我失去了经济上的援助，自己打零工也没什么钱，靠着助学贷款才勉强上了公立高中，我当时已经背着 40 万日元的贷款。毕业以后，我靠打工度日，慢慢地还清贷款。

可悲的是，**"越贫穷，思维变得越迟钝"** 这句话我亲身体验过。当我真的做了不该做的事情后，开始后怕"为什么我会做这种事……"，于是选择了自首。也许有人会觉得早知如此，何必当初，但是当初我真的无法做出正确的判断。

从那以后的一个半月里，我几次接受了警方的问讯。在一间 5 平方米左右，又暗又小的房间，正中间摆着一张小桌，这正是电视剧里常常出现的审讯室。我在那里接受警方长时间的问讯，一次长达 3~4 个小时。问讯的内容包括我重考两次大学、不断打零工的近况，以及涉案动机等。我被骂了很多，哭了很多，也反省了很多。那些日子我每天泣不成声。

警方为了调查我的数字设备的数据，将包括手机在内的所有手持电子设备全数没收。重考两次大学结果还是没考上，又被警察带走协助调查，最后连家中唯一的笔记本电脑和移动 Wi-Fi 都被没收，我真的给家人添了太多麻烦。

手机被没收，上不了网。"原来可以这么闲得发慌。"我还记得当时的不安。

一个半月不能上网，也用不了连我（LINE），联系打工的地方变得很麻烦。我只好去二手回收店，花了 8000 日元买下一部 iPhone4 二手机。手机外观和电池都很老旧，还动不动就收不到信号，我与这部二手机共度了一段时光。当时只有在提供免费 Wi-Fi 的地方可以顺利连接网络，回复连我的消息。可以说我被强制过着数字戒断的生活。

那段时间，我同时打三份工——卖手机壳、站游戏厅，加上书店收银。当时我每周唯一的休息日通常会被警察叫去问讯，一问可能问上一整天。在警察局等待的时候，会在那里的食堂点一份 300 日元的廉价餐，边哭边吃饭。累个半死回到家，第二天睁开眼又要打工……这样日复一日。

更惨的是，从家到指定的警察局路途遥远——单程就要两小时。或许这是警察有意为之，光是一来一回就让我身心俱疲。在坐公交车去的路上，因为连不上网，就没法用手机转换心情，我郁郁寡欢、垂头丧气，觉得自己的人生已经完了。那个时候我才知道，原来在谷歌上搜索"想死"，会跳出心理援助热线。

一个半月后，问讯终于顺利结束。智能手机、电脑等相关物品也全数归还。问讯最终的结果是"不起诉"。因为我当时未成年，再加上主动自首，也得到了被害者的原谅。虽然我最终无罪，也未留下前科，但还是做了不该做的事情，我现在仍为此事不断反省。

当时我收到一份收押物品归还目录，上面记载着智能手机、笔记本电脑、平板电脑等被没收的物品。除此之外，还有负责问讯的警察的姓名。

不是努力工作，而是减少生活的浪费

除了"没有留白就变笨蛋"这一观点，我也常常看到"想要成功，就逼自己一把"这种强势的意见。刻意搬去生活成本高的地方，或是刻意借钱让自己无路可退，也就是所谓的"背水一战"更能激发斗志的想法，我对此持反对态度。原因是在经济上没有保障的情况下，人无法发挥创造力。

"为了下个月的房租，要多排一些班才行……"
"信用卡账单让我喘不过气……"
"还背着贷款，得在月底前还……"

金钱带来的压力是沉重的。 金钱的问题有时会引起人际关系的破裂，或是把人逼到自寻短见，还有人为此以身试法。"没钱可怎么办啊……"如果成天担心这个问题，经济上没有保障，就很难想出什么创意，付诸行动的动力也会消失殆尽。所以我敢说，人生最该放下的是对金钱的忧虑，即"对生活的不安"。

其实有资料显示，继续当前工作并开展副业的人比辞去工作全力创业的人的创业成功率高 33% 左右（《离经叛道：不按常理出牌的人如何改变世界》，亚当·格兰特著）。

换言之，我们的首要任务是不中断能够维持生活的收入。许多成功的创业者都属于规避风险型，苹果公司的创始人乔布斯一边继续工程师的工作，一边创业；谷歌的创始人拉里·佩奇和谢尔盖·布林也是一边读研，一边创业。也就是说，在某一领域采取激进策略，冒着相当的风险；而在另一领域采取保守策略，谨慎地分散风险，从而取得平衡。分散风险可以让内心多一份从容。

其实我也是一边打工，一边写博客。如果只有博客的收入，就有可能为了钱接活，为毫无兴趣的商品打广告，发表一些自己都不想写的文章。就算一时能赚点快钱，却失去了读者的信任。从长远来看，得不偿失。因此我的建议是**先减少生活的浪费，而不是努力工作**。减少了东西，就可以选择小房子，减少生活成本。以我为例，我一个月赚到 6 万日元就能维持生活，所以独立生活的门槛相对较低。如果数额较大，要赚到 14 万日元才行的话，则另当别论。

除了创业，在讨论生活中留白的必要性时，有一项有趣的研究不得不提。内容来自《稀缺：我们是如何陷入贫穷与忙碌的》一书，让我为大家做一番摘要。

密苏里州的某家医院面临着有足够的医生，却没有足够手术室的窘境。因此，能够做的手术数量有限。在这一局面下，医院方面采取了什么措施呢？

（1）让医生加班，增加每个人的平均工时。
（2）增加手术室，让医生人尽其用。

答案既不是（1），也不是（2），而是第三种选项——空出一间手术室不用。自从空出一间手术室之后，能做的手术数量增加了大约5%。明明手术室减少了，为什么能做的手术数量却增加了呢？

其中奥妙如下。这家医院的问题在于总是送来急诊病人，所以不得不调整日程，无法按照预定的计划开展工作。为了保证手术的进行，医生们不得不随时待命。日程调整之后，手术常常会拖到深夜，医生们也普遍存在睡眠不足、效率降低的问题。

为了解决这一问题，这家医院才刻意为急诊患者空出一间手术室。如此一来，既不打乱原先的手术安排，又可以高效地应对急诊病人。在这之后的两年，这家医院每年的手术数量比往年增加7%~11%。这种留白的安排在经营学中被称为slack（松弛）[1]，slack一词原本指的是绳子的松弛状态，也可以引申为内心的松弛从容。

---

[1] 经营学中的"松弛"是指在生产过程中，某些环节具有一定的弹性或余量。

"随时可以放弃"造就 100 分的成果

本书多次提到"越贫穷，思维变得越迟钝""没有留白就变笨蛋"，这两种情况都是不够松弛造成的。

状态紧绷、没了从容的人通常视野狭隘，即便存在更有效率的方法，也全然不知，只是想着还剩下多少问题要解决。这类人无法察觉自己的错误做法，整个人好像身陷一个漆黑的隧道，彷徨不已。

这一现象被称为"隧道现象"，即身处隧道之中，无法看清外面的状况。这种状态下的人只盯着自己的不足之处，无法关注其他事情。

就像我因为父亲宣告破产，金钱上不再宽裕，反而开始乱买东西；或是之前多次接受警察"关照"一样。没有了松弛感、"身陷隧道"的人无法做出正确判断，人生也越过越糟，陷入了负面循环。反过来说，为了防止出现隧道现象，就算强人所难，也必须给自己创造出松弛感。而方法就是减少物品以及决定不做哪些事情。

再为大家介绍一个与保持内心的松弛从容有关的实验。宾夕法尼亚大学的一篇论文指出，开展某件事情的时候，加入"什么都不做"这个选项，才能持之以恒。比如在养成运动或瘦身这类习惯时，除了"在家运动"和"在健身房运动"两个选项，加入"什么都不做"这一选项，能让成效提升30%。

这就是说，刻意什么都不做，反而可以在不知不觉之中提升运动的价值，并持续保持动力。反之，如果只有两个选项，就少了"这么做真的对吗？"这种考虑，热情难免在短时间内燃烧殆尽……这也符合我之前的说明。

做任何一件事情，不要只像全力投球一般全力以赴，要保留一些力气以便转换方向。在激烈变化的时代，留有余地并灵活应对，才能最终带来最佳表现。

容我为大家再介绍一个与留白和不安相关的词——空白恐惧症。这个词在2018年成为热门话题，《大辞泉》[1]将其选为"新词大奖"的第一名。它并不是正式的疾病名称，只是一种俗称，指的是对于空白的行程感到不安的状态。有些人会因此假装自己很忙，加入不存在的待办事项或工作，让自己的日程满满当当。

从极简主义者的角度来看，真的很想对这些人说**"多享受些生活的空当"**……话说回来，我能够明白这些人害怕空白的心情。曾经的我有一种错觉——越是约朋友填满自己的日程，

---

1 《大辞泉》是日本小学馆出版发行的中型日语词典。

越显得自己过得多么充实。虽然与朋友喝酒花掉很多钱，却误以为这样就不会感到寂寞。房间的内部装饰也是如此。如果地板上什么也没有放，就会觉得"没有充分利用空间，真是浪费"，然后就用物品填满。如果我看到三层置物架或衣物收纳箱有多余空间，我就会想办法买东西装满。

还有一个词"FOMO"，它与空白恐惧症的意思相近，是美国的流行语，是 Fear of Missing Out（害怕错过）的缩略语。这是一种不随时上网、不随时查看社交媒体、不通过聚餐与人维系关系，就会感到不安的症状。

我们不妨发挥创意，换一种角度思考。"FOMO"应该有一个反义词"JOMO"，也就是 Joy of Missing Out（乐于错过）。享受当下，找回自我，即敢于享受错过的喜悦。

为了实践"JOMO"，关键是要知道**放弃什么自己才会快乐**。以我为例，如果不是特别有趣的活动，我不会把它列入自己一周或是一个月后的安排。就像不囤积物品一样，我也不囤积日程安排。对我而言，最重要的是当下，所以种种考虑都以当下为准。

"下周约个饭吧"或是"下个月去旅行吧"——就算朋友这么邀约，我也不太愿意答应。相反，"我们现在就去吧"或是"明天一起去吧"这类邀约更让我中意，也让我更珍惜这种"有空闲的朋友"。

创意藏在"积极、刻意的独处"中

正因为地板上什么都没放,才能在灾害发生时有路可逃,宽敞的空间也让人从容沉着。同理可知,我的日程中预留了空当,避免自己过于忙碌,内心才更加自在。

有些人可能觉得,把日程排得满满当当会让自己有充实感。然而满满当当的行程并不会带来充实感。因为没有人知道一周后或是一个月后自己的想法。你很有可能到了计划当天,却提不起兴趣;自己的身体状况,也只有到了当天才知道。另外,你可能刚答应了别人的邀约,又有人约你去参加一项更有趣的活动,因为行程没有空当,你只能忍痛错过。

这和两只手都拿着东西就没法接球的道理一样。所以,如果不是特别重要的事情,我尽量不加入自己的日程。**因为自己想做的事情每时每刻都不尽相同。**

当然,工作或是活动这一类重要的事情,还是会排入自己的日程。但总体而言,日程留有空当更让我感到轻松,所以我会优先将日程留出空当。如果把重要的事情、不重要的事情统统塞进日程表,就会身心俱疲。所以我会将事情排出优先顺序,把真正重要的事情排入日程当中。

与不囤积日程安排同样重要的是放空的时间。现代人一天中大多数时间都在忙这忙那。比如一早起床离开被窝，刷牙，洗脸，坐上固定时间的电车上班……我们总是被这些非做不可的事情强迫，久而久之造成压力，让我们身心疲惫。出于这个原因，我每周一定会至少安排两天什么都不做或不与任何人见面，享受独处。之所以在生活中留出放空的时间，是因为这样让我更容易想出好的创意。

其实，新冠疫情对于难以忍受孤独的人是不利的。因为多出了不少不受干扰的独处时间，想必有不少人重新思考并检视未来的生活方式。就这层意义而言，疫情为我们带来了额外的思考时间。当然，每个人的个性生来不同，我无意否定害怕寂寞的人，我在此推荐的是"积极、刻意的独处"。若是身边没半个朋友，想约朋友见面却无人可见，这种状态也是个大问题。随时可以见面，但可以选择不见，这一点很重要。学习也好，工作也罢，每个人向前踏出一步的那一瞬间都是孤独的。无法享受孤独的人，无法满足自己，也无法满足别人。

"独处的时间，在我们一生中至关重要。有一种力量只有在我们独处时才喷涌而出。艺术家为了创作、作家为了整理脉络、音乐家为了谱曲、圣徒为了祈祷，都必须独处一室。"（《大海的礼物：寻找全新的自我》，安妮·莫罗·林德伯格著。）

孤独的效用在于能够在"3B"的环境中产生创意。德裔心理学家沃尔夫冈·柯勒提出了"3B"一词。他声称:"过去伟大的发明都是在 3B 的环境中产生的。"3B 是 Bath，Bus，Bed 这三个单词的首字母。

第一个词 Bath 指的是洗澡。人在泡澡或是冲澡的时候，身心放松。只有在身心放松的情况下，才容易想到好的创意。我喜欢泡澡或是桑拿，也是其能让我放松的缘故。不用带手机，也无须与人对话，可以与自己好好相处。

第二个词 Bus 这里指的是移动。工作遇到瓶颈喘不过气的时候，想必有不少人会在房间里走动，或出去散个步。活动身体的时候，容易获得灵感。另外，坐上电车或是巴士，随着摇晃的车厢，望着眼前闪过的风景、经过的电车、上上下下的乘客，望出了神，心情变得舒畅起来。旅行便是很好的例子。

第三个词 Bed 则是床的意思。人类最放松的状态，便是呈大字躺平的时候。所以我在枕边放了本记事本，这样灵感涌现时就能马上写下来。综上所述，**我会更加珍视各种独处自省的时间。**

Chapter 3

第三章

从江户时代学习放手的诀窍

幸福靠减法创造

江户时代有许多与极简主义类似的文化，像是禅、四叠半，以及分享概念。本章将带领大家从江户时代学习放手的妙招。此外，有一种说法认为，江户时代是人类历史上幸福感数一数二的时代。

首先是居住。据说日本人讲究收拾整理的习惯，是源于江户时期庶民居住的"四叠半的长屋"[1]。在那个时代，一家人挤在小而紧凑的房间里生活再稀松平常不过了。人们需要在房间里妥善留出空间，才能满足全家人的饮食和就寝。因为如果房间杂乱不堪，盖的被子不及时收好，便无法生活。

换言之，家里狭小的空间养成了人们一丝不苟的个性。懂得收拾整理是日本人与生俱来的才能。在日本成为畅销书的《怦然心动的人生整理魔法》的作者近藤麻理惠，如今她在美国也大受欢迎。她的昵称 KonMari 被当作"整理家务"的动词使用，她在家中整理的过程还被拍成了纪录片在网飞上放映。另外，"断舍离"一词也被翻译成了 decluttering（de= 分离，cluttering= 凌乱）。

---

[1] 长屋是江户时代一种典型的排屋。

苹果公司的创始人史蒂夫·乔布斯喜欢日本这件事也广为人知。他数次来京都观光学禅，也十分喜爱寿司、荞麦面等和食（日本菜）。"禅"这一汉字是由"示"和"单"两字构成的，也就是说化繁为简才是禅的真意。和食中的熬高汤、去浮沫、用热水焯等烹饪方式，都是以"减法"为基础的。如果打个比方，和食就像凸显本质的水彩画。

与此相反，西餐中的添加香料、加一点红酒、添一些香草，这些手法则是以"加法"为基础的。西餐就像是不断堆叠颜料，呈现层次感的油画。

知名调味料"味之素"的一则广告里有一句至理名言：**"和食靠减法，西餐用加法。"**（不妨搜索这句文案，了解早期的广告。）

也就是说，像苹果公司这样的全球市值第一的一流企业，从日本的禅与和食中得到了产品设计的灵感。事实上，音乐播放器 iPod、智能手机 iPhone 的按键很少，这也间接证明了人脑很难同时处理大量信息，人类是一种避开复杂事物的生物。

我过去就曾经住过四叠半、月租金 2 万日元的单间。因为我的东西很少，所以房间不会有局促的感觉。房租部分省下来的钱可以用于支付健身房的费用，也可以花在让我集中精力工作的咖啡和联合办公空间上，所以出门逛街也变得很开心。另一方面，因为生活成本比较低，我完全不用为下个月的房租发愁。因为独立生活的门槛降低了，我也可以将本来作为兴趣写的"极简主义者 Shibu 的博客"当成一份工作。可以毫不夸张地说，减少物品、搬进小房子住的那一瞬间，便是我人生的转机。

另外，最近专租四叠半房间的公寓似乎在东京很流行。这种四叠半可不是早期的那种没有浴室、只有榻榻米、房龄老旧的房间，而是车站附近、装修精致时尚的房间。（如果有兴趣，不妨通过 EARLY AGE 或 QUQURI 这类租房网站搜索一下专租四叠半房间的公寓。）

这类房间十分紧俏，几乎都处在无房可租的状态，即便空了出来，也会有人马上抢着租。为什么大家蜂拥而至，想租小房间呢？在物价高昂的东京，租小房间的好处可不少，像是可以降低房租成本，或是用便宜的价格就可以住在公司附近，还不用挤客满的电车。

英国一项研究表明，人挤客满的电车就像是士兵上战场，承受着巨大的压力，而租小房间住，就可以将这一压力轻松消除。

《花之庆次》[1]中有这样一句话:"**起床半叠(半张榻榻米的空间),睡下一叠(一张榻榻米的空间),夺取天下也只吃两合半[2]的米。**"此言不假,家再大,大多也只是用来吃饭、睡觉而已。一个人使用的空间毕竟有限,房子太大,打扫起来就十分麻烦,拿东西可能要走很远,住里面还容易感到孤独。大房子容易招来小偷,小房子有助于减少犯罪。

"不要只生活在家里,也要生活在大街小巷之中。"这是一种无物一身轻的视角。如果懂得分享,自然会觉得住在紧凑小巧的空间中也是一种不错的选择。

---

1 《花之庆次》是以前田庆次为主角的日本历史漫画,作者为原哲夫。
2 合是日本传统计量单位,两合半等于375克。

源于江户时代的共享服务

让我们把话题拉回江户时代的四叠半吧。江户时代人们大都住在小房子里,却有很高的幸福感。有分析指出,其原因之一是江户时代的庶民每天走的步数高达3万步。

现代日本人每天走7000~8000步。如果从这一点来看,江户时代的人一天的运动量将近现代日本人的4倍。江户时代的庶民户外运动量之大可见一斑。

近年来人们宅在家中,或是因为新冠疫情被迫长期在家,这都成了社会问题。我们已经得知运动不足、日晒不足或是长期待在同一个地方都会对人的身心造成巨大的压力。许多人重新认识到出门积极参与活动才是人类该有的生活方式。

江户时代的庶民每天走3万步,当然与汽车等交通工具还不发达有关,但值得注意的是,正是因为当时人们可用的四叠半的空间实在有限,所以**在家里无法完成所有事情,生活中的大事小事都和所在的城镇密不可分**。不管是商店街、饭店、澡堂,还是买东西,与人来往的场所都在自家附近。

另外,大家有没有听说过源自江户时代的"损料"(折旧费、损耗费）一词呢？这是出租衣物之后，根据损耗程度收取的一种租金。说它是衣物共享服务也不为过。我们纵观历史，可以发现日本是一个共享文化根基很深的国家。

正因为日本共享文化源远流长，身处现代的我们也可以通过减少物品，简单创造一个"不得不离开家的环境"。因为家里没有冰箱，所以每天光顾超市；因为家中没有舒适的办公桌，所以每天打卡咖啡店和联合办公空间。**乍看之下，做什么事情都得出门，费力劳神，其实却戒掉了长时间宅在家的坏习惯。步行这项再简单不过的运动，却奠定了健康的基础。**以我的祖母为例，她患上阿尔茨海默病后，常常卧病在床，一度去医院都要坐出租车才行。但自从有一次我扶着她一步步走到医院后，病情逐步改善。她渐渐可以独立行走，现在她还能使用菜刀，自己做饭吃。她今年就要 90 岁了。

我自己也觉得走起路来就神清气爽，脑海中也会涌现工作上的灵感。这是因为步行时，全身的血液循环都得以改善。苹果公司的史蒂夫·乔布斯、Meta 公司的马克·扎克伯格都常常**边走边开会**。斯坦福大学 2014 年的一项研究结果表明，走路的时候，激发创意的概率比平时高出 60%。

话说回来，我平常也重视身体保暖，常常出入浴室和桑拿房。走路的时候也是如此，当身体暖和的时候，就会忘记负面的想法。依我看，泡澡的时候想不乐观也难，工作上的点子自然而然就想了出来。

近些日子，因为远程办公渐成常态，它引起的"Zoom疲劳"也成了热门话题。长时间坐在椅子上说个不停——纵观人类历史，这种生活状态显得相当不自然。

人类自狩猎和采集的时代起，就不断狩猎、觅食、找地方歇息——不断迁移住地、不断活动身体才让人类这种生物得以生存。更何况以前没有椅子这样的工具，有些民族并不是坐着，而是蹲着一起吃饭。

与此相反，20世纪80年代，"沙发土豆"一词成为俚语并在美国流行起来。这个俚语描述的是"长时间躺在沙发上，一边吃着薯片，一边看着电视或录像带过日子的胖子"。当时正值电视开始普及的年代，数字化造成运动不足与肥胖的现象日益增加，成为社会问题。

在南加利福尼亚大学担任生物学教授的大卫·A.赖希伦指出："我们就算将坐姿换成蹲姿，对健康也没什么好处。我们不如缩短坐着的时间，每半小时到一小时站起来舒展一下或做一下轻度运动，这样反而对健康更有益。"据说狩猎和采集的时代并不存在肥胖或过敏一类的问题。

我在家中也放了一张**站立式工作台**，并养成了在家中行走的习惯，本人十分推荐。如果站累了，可以调低高度坐下休息。总之不要久坐，提醒自己要站起来舒展一下。

处于随时可以搬家的状态十分重要

在江户时代,庶民并没有什么家产,搬家的距离也不远,所以只需要一辆二轮手推车就能完成搬家,无须另请专门的搬家工人。落语[1]《鲁莽的钉子》(又称《搬家》)里的主人公就靠着一条包袱布搬家。

据说搬家公司是在第一次石油危机之后才出现的。因为适逢经济高速增长时期,上班族因为工作频繁调动导致搬家需求增多。

因为家中财物变多,搬家距离变远,靠自己无法解决搬家问题,所以只能找搬家公司帮忙。然而这些人并非以搬家为专业,只是单纯搬运货物,所以并不提供专门的打包服务。当时人们还是依赖邻里之间的帮助来打包或者拆包行李。

这些搬家工人不仅不会帮忙打包,甚至很少会有人在意搬运过程中家具、家电是否撞坏,餐具是否破损。当时普遍认为搬运途中盘子碎了再正常不过了。**我在这里想表达的并不是想要获得幸福,就要不断搬家,也不是离开乡下,感受都市的共享生活,而是处于随时可以搬家的状态至关重要。**

---

1 落语是日本传统曲艺形式,是一种单口相声。

有房一族接受采访时，让人印象深刻的是因为不会再搬家，所以地下室的东西越堆越多，变得难以整理。我的老家也是如此，家里摆满了各种柜子，因为家里够大，放得下许多东西，所以买起东西来毫不犹豫。东西一变多，搬家就变得越来越麻烦，人也越来越守着家里的东西不放。先前在福冈发生过泥石流灾害，我的老家也被波及，受到塌方和漏雨的影响。然而房子里全是辛苦买来的东西，所以不想离开，也不想放弃这些东西。明明有性命之危，却想为了这些物品留在家中。

如果脚步轻盈，身处随时可以搬家的状态，也能加快物品的汰旧换新。毕竟，物品绑定于一处会带来巨大的压力。

无法搬家的压力让我想到电视剧《轮到你了》。这部2019年播出的悬疑剧，创下了同类电视剧的最高收视率。一对新婚夫妇以3700万日元的贷款买下的公寓大楼里发生了案件。每一集，大楼里的某一户一定会发生谋杀案。

看了这部电视剧，我想到的是："如果是我，一定会想早点搬离这栋有怪人居住、有案件发生的公寓。但是背着那么多房贷，恐怕没法说搬就搬。果然还是要保持无物一身轻的状态啊。"拿电视剧里的剧情来讨论现实话题，实在有些牵强，但在这部电视剧里，深知继续住在这种地方早晚遭殃，痛下决心立刻搬家的住户的确幸免于难。我自己忍不住瞎想，这会不会是这部电视剧背后的主题，暗含讽刺地表明**租房才是最好的选择，**

如果你的经济状况不允许轻易出手,就不要买房。

我也曾经在租的房子里住了 45 天后退租。之所以能说退就退,绝对是因为我减少持有物品,把搬家的难度降到了最低。这个世界上尽是一些糟心事,像是自家遭天灾、邻居众人骂。最近,"父母扭蛋"[1]和"上司扭蛋"这类词语也成了热门话题。虽然那些艺人评论说"扭蛋"这种说法很过分,但是对于生来"含着金汤匙"的人来说,他们对"扭蛋"这个词不会有共鸣。我自己就是一个很好的例子。有些人因没有享过父母的福分而烦恼,有些人没有得到上司的照顾,甚至落下一个过劳死的结局。

我有一位朋友在大学毕业后,进入公司 4 个月就辞职了。按照他的说法,他在那家黑心公司工作时,因为压力太大而暴饮暴食,体重自然暴增,皮肤状态也变得十分糟糕。他一心就想辞职的时候,因为我的意见,最终下定决心辞职。当他明白就算不吃上班这口饭,也能过上最低限度的生活时,便一狠心辞去了工作。他现在每一天都过得很充实。**不少人因为生活难以为继而犹豫要不要辞职,但如果愿意调低生活水准,愿意让生活过得紧凑简单一些,就不用从宝贵的人生中抽出劳动时间卖给公司。**所以减少物品和固定开支,为自己营造一个不被命运所左右、可以随时"扭转重来"的环境十分重要。

---

[1] 父母扭蛋,是日语"親ガチャ"的直译,"扭蛋"具有随机性,投币后扭动开关,才能随机获得。出生的家庭无法选择,就像玩扭蛋一样具有随机性。

疲于社交媒体和信息爆炸的现代人

最近，常常有人以**"现代人一天接收的信息量相当于江户时代的人一年接收的量"**来形容时下的信息化社会。也就是说，现代人接受的信息量是江户时代的人的365倍。当然江户时代没有社交媒体，没有网络，也很少能与素昧平生的陌生人比较。也许是因为现代社会物资与信息泛滥，所以才会出现数字戒断的概念，让人从令人窒息的压力中解脱。

话虽如此，信息本身未必就是负面的。在第一时间快速掌握必要的信息再好不过了，尤其在遇到灾难或是其他紧急状况时，这是逃生的关键。有时候与别人一较高下，可以帮助自己了解自身的优势，也会提升自己的行动力。我还记得高中的时候曾经和朋友比考试成绩，说好输的人要在学校食堂请赢的人吃饭，回想起来那时候觉得学习很快乐。我还曾经在小学参加打字比赛，在六年级的250名学生中脱颖而出，拔得头筹。当时我觉得自己打字的速度比谁都快，所以就爱上了电脑。这份自信在我现在的工作中仍然起着作用。

然而，过多的信息、过度的比较都会产生弊端。关注每一个艺人的出轨丑闻，或是了解负面信息的营销方式对我们的人生不会有一点好处。如果不懂得**不管自己能力以外的事情**，不明白不要为了别人的负面信息，浪费自己的时间和精力，就很难在这个互联网时代掌握幸福。我们需要做的是与那些愿意祝福自己的生活和幸福的人相处。

比如我会在推特或是照片墙这类社交媒体上发布消息，但在差不多两年前，我取消了自己所有的关注，把关注人数降为了零。我之前一度关注了200人左右，但后来我发现一旦关注人数超过了50人，就无法浏览每一条动态信息。但是，工作上的朋友或是合作过的"网红"不互相关注有些尴尬，但只让对方关注又有些失礼。考虑以上种种，在社交媒体上的人际关系成了一种压力。

有些人把社交媒体当成品牌经营，我曾经为此烦恼过。从关注者一栏中可以了解这个人关注了哪些人、和哪些人关系不错，而且互相关注成了一种"相互认同"的文化。

社交媒体有自身的优点，"极简主义Shibu"这个账号的影响力也逐渐形成，粉丝人数不断增加，但是被别人随意推测和谁关系好，实在让人有些不太舒服。再加上当粉丝人数增加到一定数量后，自己如果"回关"了对方，就有一种"我认可你"的高高在上的心态。之前我关注某人的账号之后，对方发消息告诉我"没想到你会'回关'我，真是太荣幸了"，让我感到非常不自在。

前几天我读到一篇关于"A艺人'取关'了B艺人，这两人是否交恶"的报道，我真的觉得这种报道相当无聊。我使用社交媒体，是把它当作发送消息的平台，如果造成人际关系的纠纷，反而平添困扰。

出于以上原因，我已经把"极简主义者Shibu"这个账号的关注人数清零，决定通过另一个账号收集信息。我建立了一个私人账号，关注了自己真正感兴趣的50个人。虽然社交媒体在收集信息上十分方便，**但是如果不能找准一条让自己免于压力的底线，就会在汹涌的信息浪潮中疲于奔命，错过对自己有用的信息。**这虽然是我的账号粉丝数增加后的故事，但想必大家也会有类似的经验。

另外，我每天用来收集信息的App只有推特和Feedly这两种。推特上的消息很新，也有很多个人发送的实时信息。在遇到灾害的时候十分好用，140字的限制也非常不错。正因为发送文字的数量有限，所以才能汇聚最精华、信息量最高的信息。Feedly是可以一次浏览各大博客、其他网站最新消息的App。只需要安装这一个App，就可以把最新报道、时事热点一览无余，可谓便捷高效。只需浏览这两款App上的内容，就能自动收集必要的信息。

过去我曾经安装过许多新闻App，并透过它们收集信息。然而我发现App数量一多，就要花上更多的工夫查阅，于是便决定精简 App 的数量。除了收集信息的 App，照片编辑、日历类的 App，我也会有意识地选择多功能合一的类型，尽可能减少接触手机的时间。

因为受限，所以才想办法。

最后让我总结一下江户时代有哪些幸福秘诀。

（1）幸福靠减法创造。
（2）多走路，多共享。
（3）只保留随时可以搬家的物品数量。
（4）不与他人比较、不多管闲事的文化。

修佛之人推崇时常努力坐禅、汇聚意念的功夫。你是否知道"功夫"一词的由来？据说该词是日语"人夫工手间"的缩略语。意思是，一项工作需要各种工序，这些工序通过人手（现代的劳动者）来完成。换言之，"功夫"一词的本质是让事情变得简单、有效率，即"省去麻烦"的意思。

极简主义者精简物品，又何尝不是一种"功夫"呢？

美国托力多大学的一项研究结果表明，儿童如果在玩具不多的环境中成长，**会想办法把一种玩具玩出多种花样，专注程度也会提升至 108%，比起有 16 种玩具的儿童，只有 4 种玩**

具的儿童更有创造力。

因为存在限制,才会激发创意,我对此深表赞同。之前提到的推特就是如此,因为有 140 字的限制,所以发布者会尽量浓缩信息,让文字更有说服力。日本的俳句以及体育竞赛也是如此。俳句存在"五、七、五"的字数限制,足球则是规定只能用脚踢,所以参与其中的人才更具创意。如果规则是"怎么来都行",那么足球和橄榄球就变得很难区分。

收拾整理和室内装潢也是一样,用少量的物品,一物多用。因为数量有限,才能打造出符合极简主义的房间。所以毫不夸张地说,用较少的物品生活,最需要的技巧是想象力。为了培养这种想象力,我们不妨先从减少身边的物品做起吧。

Chapter 4

第四章

减少物品后的收获

减少物品是"赚钱的训练"

如果一个人的经济实力无法养活自己,那么别说是保护自己,就连珍惜的人和爱犬都无法守护。我因为父亲宣告破产,生活一落千丈,被迫过着精打细算的生活,也深深感受到经济能力不足的痛苦。吃、穿、住这些生活的基本需求,再加上医疗,所有东西都需要钱,金钱似乎可以解决所有烦恼。

请原谅我的口不择言,但生活中的大部分烦恼都可以归结在钱上。可惜目前还没有可以代替钱的东西,依赖金钱以外的工具似乎杯水车薪。

然而,以物易物、众筹、友情、粉丝乃至"信用"都可以变现。现在真是一个美好的社会。

但不管采用什么手段,到头来还是会遇到没时间、付出与收入不匹配这一类问题,甚至被打回没有钱的现实,让人不由觉得没有比金钱更单纯的价值标准了。

那么,究竟该如何看待"赚钱"这件事情呢?

我想说的财富自由并非"赚大钱,过着奢华的生活",而是

"放弃不必要的东西，降低生活成本，拥抱极简主义，无需大量金钱就能生活的能力"。毕竟赚大钱太辛苦。就像读书学习，有的人擅长，有的人不擅长，做生意与赚钱也是一个道理。高学历的人可能不懂得经商，反之亦然。

更何况，这个时代大家都说要靠自己筹措 2000 万日元养老。虽然会赚钱很重要，但能够不花钱生活下去显得更为重要。令人吃惊的是，如果不懂得通过极简主义生活省下金钱和时间，就无法投资自己，也无法学习增加收入的技能。反过来说，如今已经是一个"不知足焉能富"的时代。

重要的是"增加无止境，减少有尽头"。自从有人提出筹措 2000 万日元养老这一问题，便掀起了一股光靠公司的收入不够，还得通过副业赚钱的热潮。也有人提出"节流有限，重要的是开源"的意见。这个意见听起来很合理，但是正因为节流看得见底线，不如趁早下手及时节流。另外有资料指出，收入越高的群体使用廉价 SIM 卡的比例越高，因为懂得赚钱的人对于浪费十分敏感，明明可以削减开支却置之不顾的人，很难想象可以增加收入。

如果可以降低生活成本，过着不怎么花钱的极简生活，或许除了本来的养老金，无须另赚 2000 万日元就能安心养老。2000 万这个数目可能会降至 1000 万或是 1500 万日元。所以本书只是建议如果能用相对较少的资金生活，有余力不妨挑战一下副业。在日本这一资本主义社会，缴税大户似乎很伟大，但个人的幸福往往通过衣食无忧、健康不愁、减轻过大的压力就能实现，并不需要赚大钱。

所以我仍然坚持**减少物品，工作与生意都会变得顺利，也会自然而然赚到更多的钱**。虽然并非每个人都适用，但极简主义者工作能力强，也有做生意的才能。这并不是我胡说八道，而是言之有据的，因为减少物品是一项"取舍的训练"。

"需要什么，不需要什么？"
"什么会带来利益？什么会招来损失？"
"在有限的时间内，如何安排优先顺序，带来最大的成效？"

在减少物品的过程中，许多人使用"煤炉"这类二手交易平台卖掉不需要的东西。"煤炉"这一类为物品标价出售的线上交易平台成了做生意的基础。找准需求，合理标价，在适当的季节出售；为了卖出好价钱，让物品看起来更有价值而附上漂亮的照片和文字说明；为了让客户满意，随时联系、及时发货……交易平台成了所有商业行为的基础。

除了工作和生意，人际关系、恋爱、健康、想法……世界上的一切都是由一连串的"取舍"累积而成的。当机立断，见机行事，像是吃什么、吃多少量才能保持健康，需要我们自己思考。虽然我刚才提到赚钱也需要看才能，但只要不断进行"放手的练习"，就能一个月省下几百甚至几千日元。这份额外的收入即便不受雇于他人，也能由自己创造。

从小处着手，边行动边学习极简思考

先前提到钱很重要，但与此同时，我们必须具备"没有钱也能想法子过"的智慧。

"等我学了以后。""等我存够了钱。""等我有了时间。"……

就像准备创业的人随时都处于准备状态，大多人会觉得开始任何一件事情都需要具备大量的知识和器材，然而"必要的最低限度"这一关键词在这里也可以派上用场。

重要的是**从小处着手，边行动边学习**。我把它称为"极简起步思维"。一个人生活正是所谓的"极简起步"。我先在距离老家步行 5 分钟的地方，租了一间月租金 19 000 日元的单间。我从老家只带来一行李箱的物品，在网上也只买了 3 件家具。

- 一套折叠式桌椅（4000 日元 / 亚马逊）
- 六折式薄款床垫及被褥（床垫 3000 日元，被褥 3000 日元 / 宜得利）
- 吹风机（5000 日元 / 松下）

洗衣机则是使用公寓内的投币式洗衣机。至于冰箱，我并没有买，只是购买超市和便利店冰箱里的东西。我只从老家带来一些衣服以及电脑这一类的工具。米饭就利用平底锅或迷你锅煮，可以煮出美味的锅巴。一人独自生活的这些年来，我只添置了电饭煲（因为优先考虑减少生活上的麻烦）。真到了需要什么东西的时候再买就好了，没有必要一开始就买齐所有东西，总之，先踏出独立生活的一步。

因为住在自己很熟悉的区域，自然不会觉得不安；离打工的地方也不远，徒步就能上班。万一发生什么紧急的事情，也可以立即回老家，心里有底。也许你会觉得："既然住得那么近，干脆回老家住不就好了？"其实独处的时间，以及为了独立生活费心费力的过程与体验很有价值。

你会长舒一口气："原来生活可以这么简单……"同时也不禁后悔早知道就早点一个人生活了。如今，用较少的物品也可以生活的成功体验，成了我源源不断的行动力，在我的生活和工作方面都助我一臂之力。

我的副业也是以极简主义的方式起步的。因为是以我感兴趣的博客为主线，每个月的固定开销只有租用服务器的 1000 日元，器材也只需要手头的笔记本电脑就可以搞定。我开始拍摄优兔视频的时候，一开始也并未购买价格昂贵的单反相机，而是用智能手机拍摄，用智能手机进行最基本的剪辑，同样通过手机上传视频。高产的时候，一天上传 3 个视频。一年下来，我上传了 400 多个视频。

除了在网上创业，实体餐厅的经验也是如此。

你知不知道大约 7 平方米大的迷你烤肉店"六花界"？

在不到四个半榻榻米面积的空间里，容纳了厨房、座位与卫生间。这家烤肉店主打"站着吃""与别人共用炭炉""只靠盐调味，没有另外的酱汁""没有冰箱""卖不完就自己吃"这些极简风格的经营方式，大获成功。就算找不到固定的店面，也会以一日店长的形式租借空间，不失为创业的妙招。

一个人创业无须背上几百万日元的贷款，也不必承担巨大的风险。"破釜沉舟，不容失败"反而容易招来极大的风险。

一句话，不妨从小处着手，不断进行小型的实验。

另外，较少的固定开销也是一大利好。"每个月只要赚 6 万日元就死不了"——这个事实就像是一种镇静剂，让我可以笑看失败，不停试错，直至成功。

因为错误地认为"没有……就做不了"而不付诸行动，实在让人扼腕。

降低门槛也能减少不想开始的借口，行动力也随之提升。

如果表达更精确一些，这与其说是提升了行动力，不如说是让一度被封印的行动力彻底解放。

无物一身轻——随时可以搬家的方法

自从我减少物品，过起精简的生活之后，我就彻底不再以房租为借口，放弃人生的各种可能。不管多小，有自己的"一亩三分地"，就更容易得到机会。

一项数据显示，年收入是由居住地点决定的，总结美国的各种事例，最后得出的结论是居住地点比学历重要。住在西雅图等"创新都市"的高中毕业生的收入，比住在底特律等"制造业地区"的大学毕业生的收入高。当然最近的远程办公模式不再受到工作地点的限制，所以不必一味轻信上述资料，但话说回来，因为东西太多无法随时搬家，是一件相当吃亏的事情。

居住的地方十分重要。房租、所有物、服装、来往的人、工作、运动量、健康状况、思考方式……生活中的一切事物、成就人的一切要素都是由居住的地点决定的。不管本人的意愿与努力程度如何，都会受到居住地点的影响，"住在哪儿"举足轻重，关乎每一项决定。**只要住的地方好，人生的幸福感就像滚雪球一样越滚越大；如果住错了地方，幸福感就会一路下滑。**

能增加收入的地方并非都是时薪高的区域。只要减少物品，精简生活，搬到房租低的其他县市或是乡下也不失为一种选择。

降低房租等同于增加收入。

前几天，因为我的高中同学搬家，我去帮他收拾东西。他从房租 80 000 日元的东京搬到房租只要 37 000 日元的福冈县。之后又搬到相当于房租只要 2500 日元的岛根县乡下（房租 17 500 日元减去搬到乡下的补助金 15 000 日元），与住在东京的时期相比，房租整整省下了 77 500 日元。相当于一年赚了 93 万日元（77 500×12）。他的工作主要是远程办公，只要赚到 2500 日元的房租以及伙食费，生活就能过得去。这虽然是一个极端的例子，但住处的改变竟然可以让人生变得如此轻松。

常常有人问我："怎么做才能像你这样无物一身轻啊？"如果你真心有意模仿，只有搬到比现在更小的家这个方法。搬到无法增加东西的环境，逼着自己减少东西。改变人的不是意志力，而是环境的力量。容我重申，请投入全力改变环境。**简单说，是以下这种思维方式："房间小 ≠ 忍耐""房间小 = 最大程度享受重要的元素"。**

另外，紧凑小型的房子除了房租便宜、能住在车站附近或热门地点之外，还有大房子不具备的优势。

（1）房间少，打扫轻松，空调等家电的电费随之减少。
（2）移动变得轻松，与物品保持近距离，行动的门槛降低。
（3）就像如厕时一样，待在相对小的空间里，心情容易平静，身体也能迅速从疲劳中恢复。

（4）朋友来家里时，能缩短彼此的距离。

（5）物品会减少。因为收纳空间不足，无法增加物品。

如此说来，你会不会觉得小房子也不赖？话说回来，极简主义者并非一定要住在小房子里。虽然我洋洋洒洒说了很多小房子的优点，但极简主义者的优势在于可以自由地选择住处。正如从都市搬到乡下住的例子，极简主义也适用于搬入大房子的情况。

"先减少东西再思考是否搬进大房子""在花更多房租住进大房子之前，先考虑能否减少东西，腾出多余的空间"——让我们用这种角度思考问题，减少物品吧。 当然也有一些极简主义者在减少物品之后，反而搬进了更大的房子。疫情期间毋庸置疑是一个重视留白的时期，因为远程办公让人们在家里的时间增多了。减少身边的物品，换来随时都能搬家的自由和经济能力，这样的"买卖"很划得来。

我想说的是，无论是小房子还是大房子，都各有利弊。世上所有的东西都存在利弊与权衡。所以我希望大家能换个视角，从小、少、无这些词之中找出它们的优点。

"房间是心灵的镜子"是真的吗?

失恋的人蜷缩在被窝里,长期宅在家,一蹶不振——这些场景当中,房间一定杂乱不堪。一项研究指出,**住在凌乱的房间中,精神状态会变糟;通过收拾整理,抑郁症等精神疾病会得以改善**。这项研究也建议请人帮忙打扫,越是在生病的时候,越是要保持房间整洁干净。脏乱的房间让人心情忧郁,干净的房间让人心情开朗。房间是心灵的镜子,此言不假。

话虽如此,我减少身边的物品后,在失去爱犬、患上流感、失恋或是其他无助的时刻,我的房间也是乱七八糟的。

所以,为了保持心理健康,我特别留意越是在难过的时候,越是要整理房间;减少物品,从根本上避免房间变乱;降低打扫的难度,就算房间真的变乱,也能够立刻恢复原状。

"我也想收拾房间、减少东西,但实在提不起干劲。""我搬不动太重的东西……"每当有人这么和我说,我都会回答:"先从扔垃圾开始。"

也许有人会说:"你是在耍我吗?"不,我是认真的。**因为不少人在扔东西之前,连垃圾都不扔。桌子上摆着吃完的薯片包**

装袋、地板上一片狼藉。明明眼前有垃圾，却视而不见。在这样的心理状态下，连最该扔的垃圾都不扔，却要选出自己不需要的物品，简直是痴人说梦。

和尚的一天是从清早扔垃圾开始的。先打扫寺院周边，打扫得干干净净，迎接全新的一天。我一早起床后做的第一件事情也是打扫。不过我觉得自己打扫很麻烦，所以只是启动扫地机器人而已。轻轻松松就能将房间打扫干净，新的一天便从好心情开始。

为什么房间变乱，会影响心理健康呢？这是因为每件物品都包含自身的信息。如果眼前的东西乱成一团，会变得身心俱疲，难以集中精力。大受欢迎的动漫电影《你的名字》的导演新海诚曾在电台节目中说起"下雨时信息量很大"，我对此深有同感。

雨哗哗落下，溅起无数水花。无数雨滴打在塑料雨伞上，每一滴雨点都会映出周围的景色。如果被雨淋湿，袜子也湿透了，心情会变得很糟糕。比起晴天，雨天的信息量更多，心情也容易变得压抑。相反，如果心爱的家人或恋人在你身边，那你的内心还是晴天，不会在意是否下雨。打扫收拾好房间，身边都是你喜爱的物品，这种感觉也是共通的。

除了打扫、收拾以外，泡澡、活动身体……只要促进血液循环，就能消除负面情绪。身处干净清爽的空间，内心也会被治愈。

虽然行动之前会觉得很麻烦，但一旦行动起来，我从来都不会觉得后悔。越是在心力交瘁的时候，越是要逼着自己做这些事情。

另外，虽然与心理健康无关，但减少物品也有助于减肥。"不会吧……物品多少竟然和体重有关……再怎么说也不至于吧？"希望大家不要有这样的成见。

研究指出，**背包越重，越容易消磨意志力，也越容易造成浪费**。就算没有科学数据支撑，大家对此也应该有所共鸣。自从我开始减少物品，就算是一支笔、一张创可贴，我也会认真思考有没有必要花费心思带这些东西出门。多带东西会消耗体力，到头来花更多的钱在吃的上面，实在有些浪费。减少背包里的东西，让你的脚步变得更轻盈，运动量也随之提升。

除了包，也要减少房间里的东西。减肥的时候，当然要坚持避开让人变胖的食物，不能吃太多，但许多人还是以失败告终。这是为什么呢？

肥胖的人，一言以蔽之就是把自己置于容易肥胖的环境。在房间里随处可见零食，另外包又很重，让外出变得困难；或是待在黑心公司，劳动环境险恶，到头来，禁不住诱惑或压力，变得暴饮暴食。减少物品，体重也会跟着减少——这不是夸大其词，两者之间真的大有关联。

极简主义者"压倒性的生存力"

"一回到家,发现水漫金山……"

我永远忘不了 2020 年 11 月,深夜 1 点发生的事情。我一回到家,就发现地板上都是水。因为连日大雨,楼上的水管破裂,从我家的天花板上渗水……情况相当惨烈。

我连忙把贵重物品塞进包里,再带上放在玄关的防灾用品逃到旅馆住了几天。幸运的是,我的东西很少,损失也最低。管理公司还感谢说:"你的东西比别的住客少,赔偿的金额也很低。"我自己也很快恢复到了往日的生活。

我在第一章中提到,日本是全球受灾最严重的国家之一。尽管如此,根据 Untrot 有限公司 2021 年进行的防灾意识问卷调查,回答"是否准备了防灾用品"的受访者中,"没有准备"的人仍高达 57%。没有准备防灾用品的理由排在第一位的是"没有地方放置防灾用品,以应对极少发生的灾害"。明明日本是全球受灾最严重的国家之一,防灾意识却依然不足。因为日本是国土面积较小的岛国,地价自然居高不下。"专门为了防灾用品腾出空间,实在太可惜",这种想法我非常理解。

我在成为极简主义者之前，也没有准备过任何防灾用品。一方面，每天的工作和生活已经让我无暇他顾；另一方面，我也没有多余的时间和金钱准备这些。如今，我精简物品到一定数量之后，为自己准备了5天份的饮用水、食物，以及收音机、手电筒等一套防灾用品，并将其放在玄关处，以备不时之需。正因为在减少东西的过程之中，认真看待每一件物品，才会如此坚决地准备好在关键时刻保障自己生命的物品。

光是减少不需要的物品，就可以保障逃生路线，也可以降低物品倾覆的危险。如果还有余力，不妨慢慢备齐防灾用品。健康亦是如此。人们都说"失去健康才知道健康有多重要"，然而一旦失去，为时已晚。不妨从力所能及的事情开始做起吧。

既然说到防灾，就让我介绍一下自己准备了哪些、准备了多少防灾用品。

· 我在玄关的大门上吊着"MINIM+AID"的筒状防灾用品包。里面有附带发电机的收音机、哨子、雨具、装药物的小盒子。一旦发生紧急情况，我会第一优先带上这个防灾用品包逃生。

· 在玄关大门旁放着专门用来保存干粮的背包及常用工具，里面放着5天份的饮用水与干粮。灾害发生之后，如果还有时间，我会第二优先带着这个背包逃生。

・至于干粮的部分，使用"循环储备"的方式，随时准备5天份的量。塑料瓶装饮用水的保质期，我通过谷歌日历这款App记录，并利用它的提醒功能。

身处灾害频发的日本，平时就适量储备一些食物十分重要。当然家中也不必储备过多，不然反而有生命危险。因为地震一旦发生，家中的物品散落一地，难以收拾，更可怕的是自己也可能会被散落一地的物品碰撞挤压。如果准备了太多干粮，背包变得太大，也无法在逃生路线的玄关附近腾出空间。遇上紧急情况，恐怕也会因为太重而背不动。东西多了，也会有更多食物过期的问题。总之无论是储备还是家具，重点都在于符合"必要的最低限度＝适量"原则。我会第一优先带上防灾用品"MINIM+AID"包，里面没有放任何食物。在如今粮食充足的日本，带着食物逃生的优先级很低，先逃命要紧。军队的教导里有这样一句话："没有空气活3分钟，没有水活3天，没有食物活3周。"可见为了逃生，"轻盈感"才是最重要的。

因此，我想推荐的干粮储备法是"循环储备法"。**这种方法是平时多准备一些食材或加工品，通过"用掉一个补一个"的方式，随时保持一定数量的食物储备。**在日常生活中一边消耗食物，一边补充食物，就能预防食物过期的问题。我自从家里没有冰箱开始，就一直备有蛋白粉和鲭鱼罐头。

这些我自己做饭的时候会用到，也能当作遇到灾害时的储备食物，可谓一举两得。鲭鱼罐头，我家里一直备着5罐，吃了一罐就补上一罐。瓶装水也是预留了5天份。大家不妨根据家里的人数计算出生活3~5天所需的储备。

一辆出租车就能搬家的"轻盈感"

自从精简物品之后,我之前有过两次只靠一辆出租车解决搬家的问题。当时我只花了 20 分钟,就把家中的物品全数打包。花在出租车上的费用只有大约 1900 日元。据说,单身人士在县内搬家的平均费用大约为 5 万日元,所以我只花了市场价的 1/25。

"好几年才搬一次家,为此减少物品有意义吗……"你如果是这么想的话,那就大错特错了。在同一个地方长时间居住是一件很困难的事情,以此为前提规划生活的风险也很高。

我自己也曾住过"想在这个地方一直住下去"的房子。我过去住的四叠半的房子,月租金 2 万日元,价格十分合理。地段和房间布局也相当不错,就是人们口中的"神仙房"。我对那间房子样样满意,想一直就这么住下去。然而入住一年半后,发生了意想不到的事情。"这栋大楼准备拆除,我方会负责住客的搬家费用,请在半年之内退房"——因为都市开发的问题,住户被迫搬出。因为这件事情,我才体会到什么叫"诸行无常",世间万物没有什么是一成不变的。

与此相反,有的房子会住着住着就发现有点不对劲。这就是所谓的"踩雷房"。住上一段时间，发现"搬来了不太妙的邻居""上下班路上时间太久，很不方便""隔壁开始施工，噪声频频"等问题。我之前就有过入住 45 天就匆匆退租的经历。虽然自己也觉得好不容易花了钱搬来这里，但还是毅然决定退租。因为如果在这里住上整整一年，每天都会生活在高压之中，得不偿失。

每年初春的 3 月到 4 月，电视新闻中都会不断提及"搬家难民"这个词，搬家早已成为社会问题。"单身人士搬家，预估需要 50 万日元""找不到符合时间段的搬家公司"，如此种种。为了尽可能减少对搬家公司的依赖，**必须让你的物品数量减少到能自己搬家的程度，尽可能购买体积小、方便折叠的家具，方便搬入车中**。当然用出租车搬家是一个极端的例子，但如果你能稍稍减少行李的数量，那么就能用相对便宜的预算靠一辆轻卡货车搬家，搬家的时间安排也会更有弹性。

从取舍中自然磨炼而成的"美感"

"衣服越多,越觉得没衣服穿。"

这是衣服多到不知如何选择的朋友对我说的话。衣柜里塞满了衣服,却说"没有一件可以穿"。这看似矛盾,但我自己在衣服很多时,也有类似的烦恼。因为如果每次都购买当季的衣服,时尚一波又一波,应接不暇……衣服一个劲地买,却搞不明白适合自己的款式,最后变得不知道穿什么好。

与之相反,**想要通过几件衣物应付各种场合,就要找出自己服饰的"先发阵容"**。就算心不甘情不愿,也要认真检视、充分了解自己的体形、价值观,再三思索、精挑细选出真正适合自己的衣服。

在选择服装这一方面,我非常认同偶像团体HKT48、IZ*ONE的成员宫胁咲良的观点。她说,"服装不是用来遮丑的,而是用来凸显自己优点的。我希望穿上凸显自己优点的衣服,露出一脸笑容""我终于敢挑战凸显身材的衣服了""挑选这一类服装,会让我觉得今天自己也很不错,更加充满活力"。如果问我对时尚的理解,大致是以下这些。

- 为了凸显肌肤的白净，全身统一穿黑色。
- 为了凸显修长的身形，选择紧身款服饰。
- 由于嫌麻烦，所以选择放入烘干机不会起皱的衣服面料。

一开始就顺利挑出适合自己的衣服，当然不太现实。"这件好像很合适""那件好像不太合适"，不断挑选，不断试错，才达到我目前的状态。这一路上我不知道试穿了多少件衣服，又放弃了多少件衣服。更重要的是，我以"极简主义者Shibu"之名，向大家宣传物品少的魅力，这项工作已经坚持了8年。让我万万没有想到的是，自己竟然有机会推出服饰品牌，着手相关产品的设计。

我并不是因为想变得更时尚或是对设计感兴趣才开始减少物品的。我只是纯粹觉得，减少物品的数量，生活会变得更有效率，也有机会实现一个人生活。动机十分单纯——追求生活的效率。除此之外，毫无他念。**然而，也许就在不断减少物品、不断取舍的过程中不知不觉地形成了我的"美感"。这真是出人意料的"副产品"。**

室内装潢也是如此。极简主义者的房间与美术馆、画廊十分相似。在大量留白的空间里，陈列着少数精品。与其多点装饰，不如着眼少数、凸显个性。在留白的空间里放上美丽的物品，反而更加凸显其魅力。相反，若是放不起眼的东西，则尽显寒酸。因为东西越少，越没有办法滥竽充数。

听到这些，有些人可能会打退堂鼓，觉得"要严选出少量精品需要有好的品位，这对我来说未免有些太难了"。然而，只要坚持极简主义者口中的"以最少而够用的东西生活"，精简物品的数量，身边自然都是严选后的精品。

减少物品，让房间多一些留白，房间就显得干净清爽、有条有理，比起脏乱不堪的房间要美上好几倍。

正如之前提到的，**极简主义来源于"艺术"，"削减＝艺术"。因为无论是时尚还是室内装潢，任何事物都必然存在"功能美"。**所谓的"功能美"，是指排除多余的装饰，追求无冗余的形态或构造，并凸显本质的设计。

以塑料瓶为例，它的瓶身有方便人们握持的"腰身"，还有可以确保长期保存的高密封性瓶盖。同时配有方便扭开瓶盖的螺纹。除此之外，还有方便人们饮用的圆形小瓶口，以及方便携带、轻量却坚固的塑料瓶身。因为材质透明，可以轻松确认瓶中的饮料。

这些年，人们的环保意识高涨，无标签的塑料瓶也越来越多。因为透明的瓶身方便确认瓶中的饮料，用标签来说明就显得多此一举。再者，说明饮料的名称或者原料，只需一小张贴纸即可。设计总是跟着社会情势和时代而改变。塑料瓶的此类设计没有丝毫冗余，可以说是让"功能"和"美"达到了一种平衡状态,"功能"与"美"并不是一种对立关系。

成为极简主义者,不断精简物品之后,就会根据自身的生活和房间情况配置具有"功能性"的物品。如果通过挑选颜色或材质加以统一,就会让自己的身边都是"美丽的设计"。**所谓取舍,其实就是设计。**

Chapter 5

第五章

性格见真章——『物品的增与减』

练习放手是不断了解自己的过程

越是减少物品，越能从留下的物品中了解自己喜欢什么、擅长什么，也会越发明确自己的价值观。反之，如果不了解自己，就会无端消耗不少体力。

自己会因为在什么地方，身边有什么东西，与什么样的人来往而欢欣雀跃呢？当你越了解这些，就越不想增加多余的选项。

那就直奔主题，为大家介绍"扔掉一年内没用过的东西""扔掉功能重复的东西"这类实用的技巧，但这之前，还有一件事。

那就是**一个人与生俱来的性格决定了他会留下哪些东西。**

即便"怎么扔"是一种共通的技巧，最后"留下什么"也因人而异。从这些留下的物品中可以看出每个人的性格。

本书的概念是：先决定不做什么，再规划生活方式。但是想必有些人不知道自己不想做什么，或是无法做出决定。针对这些人，**我建议不妨思考一下自己属于内向型还是外向型。**

比如说，我之所以喜欢彻底减少物品后空荡荡的房间，是因为我知道自己是一个超级内向的人，减少物品可以让我获得低刺激的生活。而在买东西的时候，我会选择减少麻烦、减少体力消耗的物品。比如，降噪耳机就是很好的例子，很多时候我戴上这款耳机只是为了阻绝街上的噪声，并不是听音乐。此外，让我做家务更省力的滚筒式洗衣烘干一体机也是如此。

总之，**先了解自己的性格、才能和优势，再着手增减物品，就能事半功倍**，也会更了解自己想要留下哪些东西。以我为例，我有以下特点。

【令自己觉得疲劳且不擅长的事情】
· 与一群人在一起或是日程排得太满就会让我疲惫不堪。
· 喝酒聚会后，不知为何总是累得半死，第二天总是一个人窝在家里。
·（平常生活中）街上的噪声和光线，让人觉得很消耗体力。
· 不管在家里还是在外面，东西太多就有些招架不住。

【喜欢且擅长的事情】
· 比起人数众多的喝酒聚会，3人左右的小型聚会更让自己打心底里喜欢。
· 喜欢待在物品彻底精简、让人神清气爽的空间。
· 一个人读书、思考问题，觉得这种独处的时光是莫大的幸福。

你是否了解自己属于内向型、外向型，还是综合型呢？马蒂·兰妮所著的《内向者优势》一书中指出，世界上有 75% 的人是乐天、活泼的外向型，剩下的 25% 是不擅长与一群人相处、容易疲惫、容易想太多的内向型。

这里所说的"型"是与生俱来的思维方式，就算想成为另一种类型的人，也是难上加难。

因此，我们只能接受自己与生俱来的特质，在最大程度上发挥其优点。

《内向者优势》一书中列出了 30 项自我诊断的指标，帮助读者了解自己属于哪一种类型。30 项指标中的 28 项我选择的都是"是"，所以我属于"完全内向型"。这让我恍然大悟，为什么自己曾经会有莫名的不适或疲劳。

就算不做这项自我诊断，大多数人也可以通过直觉做出判断。**简单来说，内向型的人喜欢独处、不擅长与一群人打交道。**与之相反，外向型的人喜欢与一群人在一起，喜欢参加人数众多的喝酒聚会、音乐节，喜欢热闹，旅行、在外到处走动也不会觉得辛苦。

决定不做什么，培养减少消耗的习惯

请试想一下，一个爱社交的外向型的人被关在房间几个小时，禁止与他人接触，被迫处理事务性的工作，你觉得这些工作会顺利进行吗？

相反，如果是喜欢安静的内向型的人，被要求从事销售、谈判等以面对面沟通为主的工作，他能够做出让人眼前一亮的成果吗？虽然这两个例子有些极端，但无论是哪种情况，可以想象他们都很难应付。

进一步说，因为疲于应付他人而烦恼的，是只占人口总数25%的内向型人群。

因为我们的社会十分重视积极性与沟通能力。试想一下求职面试或商业场景，我们应该就不难理解。虽然我们现在也可以看到单人卡拉OK店、单人烤肉店，但大多数的经营都是以服务家庭或团队为前提的。

所以，为了支持包括我在内的内向型人群，容我再深入聊一聊。**事实表明内向型的人比外向型的人大脑更容易分泌多巴胺，也更容易受到刺激。说得简单一些，内向型人群比较敏感，**

也更容易产生疲惫感。

所以，不认清自己的性格类型，就可能在日常生活中因为信息过多而感到疲惫不堪，觉得自己失去了活力。因此，"决定不做什么，培养减少消耗的习惯"十分重要。

正因为是与生俱来的特质，所以无法通过后天的努力做出弥补或是修正。所以理想的做法是：充分了解自己，发挥自身的优势，并采取合适的对策。日语"放弃"一词的词源是"查明"，在佛教的理论中，已经用文字阐述了这个道理。我们要做的并不是忍耐或放弃，而是查明事实，并原原本本地接受事实。越了解自己的价值观，越会觉得不重要的事情怎么都行，完全没有必要为之分散精力。我们变得更积极地做出取舍——"为了完成××，这个不做也行"。

据我观察，极简主义者这类"以少量的物品生活的人"，内向型的人居多。当然这种说法并没有科学数据支持。然而对外界刺激敏感、容易产生疲惫感的人通常会想要减少物品。

事实上，英国的一项研究表明，外向型的人倾向于通过名牌商品展示自己的权威或地位，越是外向型、收入低的人，越容易打肿脸充胖子。

听到这里，你也许会觉得内向型的人比较适合以少量的物品生活，而外向型的人不太适合以少量的物品生活，也不太适合成为极简主义者。但我并不这么认为，也许恰恰相反。**外向型的人若能自知喜欢刺激，就能将各种刺激转化为动力，以减少物品；**外向型的人如果减少物品，就能深刻理解无物一身轻的道理。我的朋友当中，也有外向型的极简主义者。我这位朋友虽然是"派对动物"，但是身边的物品却少到无需搬家公司就能搬家，至于彰显自身权威或身份的物品，他似乎也毫无兴趣。

当我问这位外向型的朋友为什么开始减少物品时，他回答："我喜欢旅行和搬家，所以为了让自己轻装上阵，就开始减少物品。"一旦轻装上阵，就可以去更多的地方旅行，参加夏日庆典等刺激好玩的活动。他从这些经验中获取刺激，而不是从物品中追求刺激。

不断接受刺激也不知疲倦的外向型的人，如果轻装上阵，变得更有行动力，就能享受比别人更多的乐趣，工作上也会更有干劲，这算是一种让活力四射的外向型人群更有活力的手段。

总而言之，不只是为了克服弱点而减少物品，而且是为了加强强项而减少物品。极简主义的精髓在于"削减冗余，凸显本质"。**内向型也好，外向型也罢，只要了解自己是哪一类人，就能知道为何而减少物品，精简物品的动力也会更加强烈，朝着目标，一路向前。**

越敏感的人越应该减少物品

比起天生活力四射的外向型的人,像我这样的内向型的人似乎相形见绌——容易疲劳、考虑过多又平添烦恼。然而内向型的人也有正因为敏感才有的优点。外向型、内向型并非孰优孰劣的问题。

举个例子吧。和内向型具有类似品质的高敏感者(HSP),近年来成了热门话题。HSP 是 Highly Sensitive Person 的首字母缩写,简单来说就是"个性敏感的人"。美国的心理学家伊莱恩·阿伦在 1996 年提出了这一概念。HSP 不是疾病,也不是心理障碍,只是比普通人稍稍更容易受伤、更容易考虑得更深。据说每五人当中就有一名 HSP。

问题是,不知道自己属于 HSP 的人群比例仍然很高,所以这些人可能无法得到旁人的共鸣,可能会变得讨厌自己。甚至有人指出,**没有发现自己属于 HSP,成了生活艰难的原因**。

不用隐瞒,我自己也是一名 HSP。不同的是,当我知道自己有高敏感者的性格倾向后,我完全接纳了自己。我不再被生活中的艰难所限,而是考虑如何在生活中利用自己的性格特征。(当我得知自己是前一节提到的内向型的人之后,我才意识到自己应该也是HSP。据说不少内向型的人都是HSP。)

或许在读者朋友之中,也有人怀疑自己该不会也是HSP吧。就像有人清楚知道自己属于内向型一样,有些人从直觉上就觉得自己应该属于HSP。自从阿伦博士出版著作后,网上就有不少自我检测HSP的项目表,如果觉得自己有可能是HSP,不妨借此机会深入了解一番。

光是知道自己有HSP的性格特质,当事人和身边的人相处就会变得更加自在。那么话说回来,内向型或HSP的强项究竟是什么呢?

HSP有四大性格特征,阿伦博士在她的著作中将四个特征的首字母组合在一起,称其为DOES。

D(Depth)是处理的深度。在行动之前先观察与思考,不管本人是否意识到这点,HSP比起别人更习惯于三思而后行。

O(Overstimulation)是对刺激的敏感度。一旦关注所有大小事物,HSP很快就会疲惫不堪。

E(Empathy)是容易产生共鸣,促使自己留意并学习各种事情。

S(Sensitive)是指会在意身边的琐碎小事。(《发掘敏感孩子的力量:献给敏感的孩子及其父母》,伊莱恩·阿伦著。)

对于不是HSP的人群而言，他们可能会从负面角度解释HSP，认为这些人内向、怕生。以我个人经验而言，我的确很容易在意别人无心说的话，也会对周围的环境过度敏感，造成不必要的疲劳感，这也是我关闭社交媒体留言栏的原因。换言之，我很容易受到周遭的影响，但我并非讨厌与人相处或是只想窝在家里。我依然可以与人建立信任，开展属于自己的事业。

比如我参与监制服饰品牌less is_jp，正是用到了自己"在意身边琐碎细节的能力"以及"三思而后行的深度"。我非常感谢自己具有HSP的特质。

有些话自己说出来怪不好意思的，但正是因为我比较敏感，所以更能注意到商品和服务上的细节。在制作产品的时候，我也曾经给出"尺寸再修改2毫米"这样关于细节的指示。制作团队也常常会抱怨："能不能不要为了这种事情增加我们的工作量……"但平心而论，我是站在顾客的立场上考虑"怎么做顾客才会满意"。设身处地、同理心强是我的强项，所以才能保证高品质的工作吧。

总之，对我而言，敏感度高是一种优势。一旦减少了物品，我就能将省下的能量用于观察，可以将敏锐的洞察力运用在商品制作和写作当中。

减少物品不能完全丢给他人的原因

因为职业关系,我常常在大家面前介绍减少物品的方法,但每次都会有人说:"付钱交给专业人士处理不就好了。"其实真这么做,并没有什么意义。虽然拜托了专业人士,让物品数量暂时得以减少,但我敢保证没过多久又会故态复萌。原因是,**在减少物品的过程中,必须判断物品是否需要,只有通过整理收拾,才能"训练取舍"。如果完全交给别人处理,则无法建立起属于自己的价值标准。**我们可以扔掉东西,但我们不能丢失成长的机会。

举例来说,大阪市的一项资料指出,住在东西多得不能再多的"垃圾屋"中的住户,大约六成是 60 岁以上的高龄人士。至于剩下的四成,也几乎都是 40 多岁和 50 多岁的人。相反,20 多岁、30 多岁的年轻人几乎没有人住在"垃圾屋"中。

这意味着**年纪越大,越难扔东西**。所以要趁早养成定期减少物品的习惯,在某种意义上,也可以延缓自己的衰老。至于"垃圾屋"形成的原因,大概有以下几点——

- 一直欠缺练习扔东西。
- 身体衰老,没有体力将沉重的垃圾搬出户外丢弃。
- 与伴侣分居或者生离死别,陷入孤独。

・因为经济上捉襟见肘造成的心理压力。（我老家的房子就是最好的例子。）

由此可见，"垃圾屋"的形成原因并不单纯，是一项复杂而严重的社会问题。因此，若能通过减少物品，营造一个不易脏乱的居家环境，或是能够看清什么东西需要、什么东西不需要，就不会一直添购自己不需要的东西，生活成本也会随之降低，还能保持健康的心理状态。

现在的高龄人士曾经生活在没有百元商店、没有快时尚、物资缺乏的年代，因此他们从小总是听长辈说要珍惜物品。而如今，在这个商品大量生产的时代，我们随时都能轻松找到想要的东西，不需要的物品也不断增加，同时日本的少子化、高龄化程度加深，高龄人口不断增加，我今后也是其中的一员，"垃圾屋"的问题想必也会越发严重。我想大声疾呼：**"如果不持续扔掉不需要的东西，它们就会变成沉重的负担，自己也会变得无法舍弃。"**更重要的是，人只会慢慢地改变。不管你一下子接收了多少信息，不管你一下子变得多有干劲，人只有通过不断累积小小的行动才能有所改变，因此重要的是"趁早坚持放手的练习"。

这一点除了可以用于减少物品，也同样适用于增加物品。不少人说"我都穿妈妈给我买的衣服"，我觉得这样很可惜。如果你能自信满满地说出"我对东西没有什么讲究，所以拜托别人帮我决定"或是"为了省去挑衣服的麻烦，所以就交给别人"，这样也无可厚非，因为这也是一种选择。

比如，美国前总统贝拉克·奥巴马为了减少消耗精力，聘请了专门的助理帮助决定每天的饮食与服装。正因为身为总统，肩负国家重任，需要做决断的事情数不胜数，自然没有时间决定吃什么、穿什么，那些与政治无关的事情就交由他人处理。

然而，许多人是不自觉地听凭他人摆布。扪心自问，我们是不是像奥巴马前总统那样，因为目标明确才把事情交给别人处理呢？漫不经心地选择或购买，是无法帮助人成长的。

本书之前也曾提及"减少物品是不断了解自己的过程"，"将教科书留在学校，是一种练习取舍的教育"。至于为什么极简主义或减少物品会掀起一股风潮，我认为是**因为大多数人并不了解自己**。在物质过剩、信息泛滥的时代，只有对物品一减再减，精挑细选，才能发现自己原来想要这样的生活。了解自己是一件开心的事情，物品真是一面反映自己的镜子。

容我重申，如果是因为生病无法动弹，当然可以请人帮忙打扫、洗衣服，请他们帮忙没有任何问题。

你也可以在减少物品之后，请专业人士帮忙处理家务。但是"减少自己所有物"的部分，请务必亲力亲为，自己挑选，自己解决。

Chapter 6

第六章

为人生找回留白的『减法』

极简主义者的"减物路线图"

这一章,将为大家具体说明减少物品的方法。

烦请大家阅读以下路线图(步骤)。

(1) 在周六、周日或是连休时留出整段的时间。比起逐步减少物品,更要重视短时间内集中整理。
(2) 首先设法让"什么都不放"的面积占整个地板面积的30%。
(3) 想象理想的生活,决定想要留下的东西(而不是扔的东西),其他的物品一律舍弃。
(4) 先减少拥有成本高的物品,留下不能没有的物品。
(5) 不转卖也不送给别人,而是当作垃圾丢弃。
(6) 思考为何可以丢弃这些东西。
(7) 没有办法丢弃的人不妨从精简物品做起。

接下来我将按照以上顺序说明。另外,以下是针对舍不得丢弃物品的人的整理技巧和心态调整法。

· 比起扔大型垃圾,更快的是通过"煤炉"、Jimoty等二手平台卖掉。

- 如果不想增加东西，不如买一台扫地机器人。
- 抱有"就算一度被丢弃，真正需要的东西总会回到身边"的心态。

此外，在阅读本书或是其他与整理相关的书籍时，有一点必须注意：**不管是减少物品，还是整理物品，说到底只有自己的方法才是最优解。**想必不少人会想，明明自己不知道该怎么减少物品才阅读相关书籍，你却说"只有自己的方法才是最优解"，这也太不负责任了。诚然，近年来不少与收拾整理相关的资格证和咨询人士越来越多，这让许多人以为用极简主义者的方式面对身边的物品，需要高超的技术。

然而，我在之前也提到过，减少物品或是整理物品是连小学生都可以做到的重复性"简单作业"。事实上，我也没有任何资格证，但我的物品比普通人更少，家里也整理得更干净。这并不像从事医疗或是法律工作，必须具备专业知识或技术。所以读者朋友不妨先模仿本书介绍的方法，再进一步找出适合自己的最优解。

舍不得扔东西的人的共同点

介绍整理方法的书中一定会出现两种意见：一种是逐步减少物品，另一种是短时间内集中整理。而我一定站在"短时间内集中整理"这一边。我之前参加"简约生活上门服务"的活动，拜访社交媒体上粉丝的家，帮助他们减少物品。我因此发现，**舍不得扔东西的人都有一个通病——分散整理物品或是延后整理物品**。利用碎片时间逐步减少物品的做法，会出现以下问题。

(1) 因为没有成段的时间，无法将物品全数取出，所以无法知道自己所有物的数量。比如，在丢弃衣物的时候，如果先把衣柜中的所有衣物摊在地板上，一边比较衣物，一边思考怎么穿搭，这么一来，就不会扔掉真正需要的衣物，也非常明确什么是自己不需要的。

(2) 因为难以体验生活的变化，所以很难维持动力。每次只减少一两个日常用品，生活很难出现显著的变化。即便在处理大型家具、家电这类让生活产生明显变化的物品时，也会因为没有集中的时间而无法拆解、分类或是移动。减少物品是一项体力活。

"拜访观众或艺人的住处，与他们一同整理"可谓长期以来广受欢迎的电视节目。参与这类节目的观众，通常都有很高的概率可以脱离"垃圾屋"。这或许是因为把自己展示在全国的观众面前，会有相当的压力。然而这也证明"一口气扔掉东西"是一种非常有效的方法。当然不可能每个人都有幸拜托电视台来自己家帮忙，所以我向大家推荐安排周六、周日或是连休时一大早整理、丢弃物品。

- 从活力十足的一大早开始整理，不会出现拖延的问题。
- 因为全家人都在，所以可以一边向大家确认物品是否需要，一边与家人一起开展行动。
- 街上的人较多，待在家里相对舒服，也不会遇到"假期涨价"的问题。

在这里建议大家7天内完成或是10天内完成，挑战这种有时间限制的安排。

当然，我并不是在否定"一天减少××个"，或是"趁着有时间逐步减少"的方法。从力所能及的事做起，减少物品的目的也是一样的。在逐步减少物品之前，最好能够看清什么东西需要、什么东西不需要，这样才能事半功倍。我自己也曾经准备过一个冗物箱，把待处理的东西放在里面，如果一周不用，生活也无碍，就毅然决然将其丢弃。

"短时间内集中整理"有一个最大的优点。**拥有需要成本，**

不把明显不需要的物品丢掉，形同"负债"。既然拥有需要成本，那么拖延丢弃多余的物品形同"支付利息"。 当拥有了太多物品，它们将大量占据地板的面积。一年365天，我们将为此付出多余的时间和体力管理这些物品。金钱、时间、体力……就像是破了洞的水桶不断漏水，让我们失去了轻盈感，这其实就是一种负债。负债的利息很高，偿还债务要趁早，所以才有必要采取短时间内集中整理的方式减少物品、还清债务。另外，丢弃一件物品明明很简单，但是当我们觉得"之后再扔好了"就放着不管，不需要的物品就会从10个增加到100个，甚至1000个，那时候扔起来麻烦可就大了。这就好比是"复利"，利息会像滚雪球一样增加。所以没有定期扔东西习惯的人，很容易最后住在"垃圾屋"。这就是拖延的副作用。

"因为我没时间……""因为我舍不得扔东西……"人们总是能编出不少理由。不过要我说的话，**这些人不是"没有时间整理"，而是"不想整理，所以没有时间"；他们也不是"不擅长整理所以无法减少物品"，而是"不想减少物品，所以不擅长整理"。**

换言之，这些人搞错了顺序。留白不是靠自然形成，而是靠自己创造的。虽然听起来有些残酷，但我还是想大声疾呼"不要逃避选择和取舍"。最重要的是，我们不是为了减少物品而活着。整理丢弃物品也不要拖拖拉拉，要精简时间，速战速决。

"什么都不放的地板面积"扩大到30%

让人感觉很有极简主义风格的房间有共同的特征,那就是"什么都不放的地板面积(留白部分)占整个房间的70%以上"。反之,放置物品的地板面积在30%以内。极简主义者的房间或是美术馆常常是"七分留白、三分物品"。

除了极简主义者的房间如此,其他房间也可以这么做。

- 简单生活留白比例为5∶5。
- 在室内装潢杂志上刊登的精致房间留白比例为7∶3。

当然不用一概而论。但是无论哪一本室内装潢杂志,只要是看起来时尚精致的房间,一定会有一大片"什么都不放的地板"。留白比例发生变化,房间的观感也随之改变。反过来说,可以用留白的比例调整房间给人的印象。

当然,我不会要求大家一下子就按照极简主义者的标准来,也并非每个人都需要如此减少物品。所以在减少物品的时候,大家不妨先定一个小目标——让什么都不放的地板面积扩大到30%。

比如说,以整理约10平方米的房间为例,差不多要留3平方米的空白地板；如果是整理约 13 平方米的房间，就以约 4 平方米为标准就好。**另外，在扩大空白地板面积的时候，不一定要收拾或是丢弃物品，可以先固定放在某一处，或者干脆堆在专门的储物柜。**

在玩游戏《集合啦！动物森友会》设计室内布局时，"什么都不放的空间"十分重要。一旦放了太多东西，地板空余的面积就变得很小，家具之间容易碰撞，甚至无法推动家具。

此外，先前提到"将物品全数取出，知道自己所有物的数量"，"把衣柜中的所有衣服拿出来，一字排开进行比较"的时候，也需要预留一些空间才能做到。在减少物品之前，要优先预留出什么都不放的地板空间。也就是说，"事先留白"是第一要务。另外，这个 30% 的法则不仅适用于"地板的留白"，也同样适用于"收纳空间的留白"。比如，书架或是衣物收纳盒如果塞得满满当当，东西就很难取出，并且东西也可能因为不通风而受损。留白的空间能减少人与人的密切接触、保障逃生路线，让我们不至于被病毒传染或是被物品挤压。在减少、整理物品的时候，足够的空间是不可或缺的。

在说明留白的重要性时，我想有必要介绍"极简"与"简单"的差异。每当我被问及简单与极简的差别是什么，我都会这么回答：

简单 = ○（圆形）

极简 = △（三角形）

之前提过，设计的词源是"削减"，极简主义的本质是"凸显"。整理成简化的状态属于"简单"的范畴。在"简单"的基础上进一步削减，逐渐凸显出强调的部分，成为三角形一样尖的状态，这就是"极简"的范畴。

如果举具体的例子来说，像无印良品MUJI或是图书馆那种东西虽多却分类清晰、设计统一的空间，属于"简单"的范畴；而苹果商店或是美术馆那种只陈列精品的空间或是在大片留白的空间里摆放着少量物品的空间，属于"极简"的范畴。

如果让无印良品MUJI重新设计以极简而知名的MacBook电脑的话，恐怕会整个拿掉"苹果的符号"，让设计变得更加"简单"吧。不断削减其他元素，只为了凸显剩下的元素，越削减，越凸显。只要看过苹果的商标，恐怕谁都会一生难忘吧。**留白就是"凸显"不可或缺的调味料。**

是"简单"，还是"极简"？这可能全凭个人喜好。它们并非完全对立的两个概念，相反有不少共通之处。我在使用"简单""极简"这两个词语时，大多也是凭着直觉。

你向往什么样的空间呢？何不先决定留白的地板面积有多大，再决定物品的数量。

比起减少什么，更重要的是留下什么

"极简主义者真酷！"我第一次发出这样的感慨，是在2012年看到电视剧《富贵男与贫穷女》中极简主义者的房间时。

劳烦听过这个故事的人再听我说一次。

这部电视剧中偌大的房间里，物品只有3样：扫地机器人"伦巴"、三人座沙发和商用冰箱。说是为了扫地机器人"伦巴"设计的房间也不为过，因为扫地机器人"伦巴"看似心情不错地在空荡荡的房间里漫游。就连放在浴室中的几条毛巾也都是同款，摆放得就像制服一般整齐。

顺便提一下，这间极简主义者的房间在第一集就闪亮登场。所以提不起精神减少物品的人，不妨从第一集开始看。这间房间真是一个物品又少又精致的空间。

让我们把话题拉回"从理想的生活倒推"吧。电视剧中的IT企业社长为了专心经营公司，设定扫地机器人负责打扫，为了品尝心爱的红酒，购买了商用冰箱，可谓目标明确、精挑细选。总之，他不是因为减少了物品才购买扫地机器人，事实恰恰相反。

因为不想亲自打扫，所以先购买了扫地机器人，随后创造了一个物品不会散落一地的环境。 追求"不亲自打扫"的生活时，自然需要扫地机器人。为了让扫地机器人充分发挥作用，就必须让物品不会散落一地。如果堆满了家具、布满了电线，扫地机器人就容易动弹不得。所以在某种意义上，配置扫地机器人的最大好处并不是让打扫自动化，而是提高不增加物品的意识。

在室内设计的时候，有一种被称为"Roombable"的思维方式。这个新词是在扫地机器人"伦巴"的基础上，加上 able（能够）组成的，意思是为了让扫地机器人自由移动，刻意减少物品，或是购买带脚家具，让扫地机器人可以从家具下方通过。当然各位读者朋友不用勉强自己买扫地机器人。

此处的重点是：**比起减少什么，更重要的是留下什么；从要放置的物品倒推，然后再减少物品。** 对我来说，以下是理想的生活。

（1）随时可以搬家的生活。为此，我只会购置节省空间的折叠式家具。
（2）能在大屏幕上欣赏动漫的生活。为此，我购买了吊顶式智能投影仪，为了能够投影 70 英寸大小的画面，我让墙壁保持空白。
（3）为了保证有时间做自己喜欢的事情，过无须花时间做家务的生活。为此，我减少地板上的物品，让扫地机器人顺利运作，也毫不犹豫地买下了滚筒式洗衣机这类方便的家电。

虽然说了这些，但有些人可能不知道什么是自己理想的生活。我也并不是从一开始就明白自己想要现在的生活。

针对这些人，我的建议是留下什么物品，标准很简单——只有金钱、时间和乐趣这 3 项。

（1）能创造金钱的工具或书籍。
（2）能节省时间的省时工具或健康器材。
（3）能带来乐趣的自身感兴趣的物品、娱乐用品或艺术品。

花费金钱是为了节省时间，而节省下的时间是为了享受乐趣。丢弃冗物便能享受快乐人生。理想的生活只需留下必要的物品，其余的一概丢弃。

与其盯着丢弃的 1000 件东西，不如把注意力放在留下的几件物品上。

这么做才不会徒劳无功，这么做才能精简物品。

先减少拥有成本高的物品

既然决定了想留下的物品，那接下来就是把其他东西一概丢弃……就算如此，我们往往还是不知道该从什么东西下手。我的建议是从拥有成本高的物品下手。就像节省家庭支出的时候，一定是先开始减少房租、通信费等高额固定开销。丢弃东西需要勇气和精力，但之后生活会因此大幅改善，整理也会变得更轻松，让你渐入佳境。话说回来，**"拥有成本"** 究竟是什么呢？具体来说有5项。

(1) **金钱：** 维持费用高的物品、不需要的奢侈品以及其他**"会造成经济上捉襟见肘的东西"**。
(2) **时间：** 让人因为无从穿搭而烦恼的衣服或是其他**"会偷走时间的东西"**。
(3) **空间：** 过大的家具或物品、多余的库存或其他**"占空间的东西"**。
(4) **管理：** 钱包、身份证件这一类不小心遗失就很麻烦的**"需要妥善管理的东西"**。
(5) **执着：** 不需要的礼物、过去的辉煌以及其他**"让人裹足不前的东西"**。

具体来说，"拥有成本高的物品"有电视机、收纳式家具、衣服等。为了摆放一台电视机，需要添置电视柜、电线、插线板，这些东西就像"一整串地瓜"一样越来越多。收纳式家具也是如此。书越多，就越要添置新的书架。书架容易积灰，打扫起来也相当费力。

衣服买得越多，就越需要大衣柜。换季更换衣服或是熨烫也需要花不小的成本。因为快时尚的衣服价格便宜，一不小心就越买越多。

总的来说，拥有成本高的物品容易发生连锁购买、越变越多的情况，十分麻烦。建议大家从根本上杜绝这些物品。当然，拥有电视机、收纳式家具或是大量衣物不是坏事，但是如果留下这些物品，就需要彻底减少其他的物品。

如果"拥有成本高的物品"让你无从下手，我建议从减少衣服开始。原因是衣服的拥有成本高，但同时材质基本是布料，与普通的家具、家电不同，十分容易下手，也无须劳烦他人处理大型垃圾。因为衣服是一天 24 小时、一年 365 天都会使用的东西，所以能明显地感受到变化。

相反，在减少物品时，我们必须留意一件事情，那就是**"减少了过多物品，浪费时间和精力"**的情况。不同于"拥有成本高的物品"，我们应该留下"失去成本高的物品"。比方说，打扫时改用抹布，不用洗衣机而改用手洗。这样的确减少了物品的数量，也让空间更紧凑，甚至有助于保持环境的整洁。然而这对于人而言，却一点也不经济，会让人左支右绌、穷于应付，甚至可能让人身心俱疲而暴饮暴食，导入错误的方向，造成无谓的浪费。

重要的是，兼顾减少物品与减少麻烦。也就是说，需要减少"拥有成本高，又不带来回报的物品"。当然，我出国旅行的时候，为了减少行李数量，我也会在住的酒店里手洗衣物，不管旅行几天，我最多就带3天的换洗衣物，这样可以让我的旅途更轻盈、更舒适。如果旅行的地方没有投币式洗衣机，手洗反而更加轻松快捷。物品少还是麻烦少，优先考虑哪一点？这需要看家庭形态、人生阶段和当下的情况来综合判定。

有些人觉得自己亲自动手做饭、洗衣服、擦地板，生活中一件件家务亲力亲为、用心去做是很了不起的事情或是人该有的样子。如果本身喜欢这样做，又不觉得累，完全没有问题。这一份认真细致反而是值得珍惜的才能。

过去有一档综艺叫《雨后脱口秀》，曾经做过一次"喜欢做家务的艺人"的节目。拥有清扫技能证书或是具有洗衣顾问资格的艺人，在节目中畅谈做家务的诀窍。我不由得为之感动："原来世界上真的有如此自觉自发地热爱做家务的人。"

然而，明明不喜欢做家务，口中却一直说"会做家务的人才能独当一面""不想增加东西"而不断消耗自己的体力,这种方法是难以为继的。**"减少物品是一场追求效率的游戏""有效率的生活能让人心情平静"**,本书推荐大家将以上观点付诸实践。保存让生活拥有留白的工具,丢弃"拥有成本高,又不带来回报的物品"。

人类的进化史就是一部"省去麻烦"的历史

大家知道现代的"新三大神器"是哪三样吗？答案是洗碗机、扫地机器人和滚筒式洗衣机。在家电商场，销量增长的正是这些"节省时间的家电"。购买或保留这一类"能让生活拥有留白的物品"是十分可行的。说得再正面一些，就是"耍个小聪明也无妨"。

耍个小聪明，就能把需要消耗 100 单位体力的事情，缩减为消耗 10 单位的体力。

剩下的 90 单位的体力，又可以靠"小聪明"来帮忙。"耍个小聪明，图个轻松"，重复这一过程，就能省下时间享受乐趣，省下精力追逐梦想。

其实，人类的历史是一部"省略"的历史，人类的历史也是一部"物品的进化史"。人类的"怕麻烦"却让人类具备了创造力。带着一堆东西出行太累人，智能手机闪亮登场；打扫太麻烦，扫地机器人横空出世；出门买东西不方便，亚马逊等网店应运而生。与此相反，人类的身体从狩猎和采集的时代开始并没有太多进化。一直都是两只眼睛、一个鼻子、双手双脚，左手右手各五根手指。据说人类之所以是五根手指，不是三根或者四根，是因为这样握东西最适合也最省力。医疗专用的机械手臂也因此而设计成了五根手指。

也就是说,文明的发展与人类的特性息息相关。科技进步的例子数不胜数,但这些科技的共同点就是"省略"。"省去麻烦"也是我成为极简主义者的动机。

容我岔开话题,有所谓的"极简主义的三大职业",它们是建筑师、美容师和工程师。我在本书开头提到过建筑师是"少就是多"和极简主义思想的源头。美容师是"让人变美的专家",所做的是去芜存菁的工作。工程师做的是"化繁为简"的工作,编程的时候,有避免代码重复的"DRY 原则"(Don't Repeat Yourself),保持简单易懂的"KISS 原则"(Keep It Simple, Stupid),只需要实现当前功能、无须过度设计的"YAGNI 原则"(You Aren't Gonna Need It)等概念。如果将这些概念套用在减少物品上的话,就会得出**"每天的例行公事其实存在低效(DRY)""与其烦恼扔东西的顺序,不如趁早下手为好(KISS)""觉得以后用得到的东西,其实一直都用不到(YAGNI)"**这样的结论。据说,优秀的程序员大多爱偷懒、怕麻烦——这是他们编程的原动力,也同样反映在他们敲的代码上。

同样,极简主义者也很怕麻烦。因为我觉得收拾整理东西很麻烦,所以为了从根本上避免房间杂乱不堪,我决定减少物品。因为我不想费力工作,所以才节约开支、降低生活成本。到底该如何省去麻烦?把不想做的事交给机器。我下定决心,让自己远离体力活和家务。

- 不爱洗衣服的我把所有衣服都丢进滚筒式洗衣烘干一体机，从洗衣到烘干都在室内搞定。我无须留意天气预报，考虑什么时候把衣物拿出室外晾干或收回房间。我甚至没有晾衣架。
- 家中地板的清扫，全靠扫地机器人解决。它负责自动清扫，我则在一旁享受游戏和阅读的乐趣，我执笔写书的时间也变得更多了。
- 至于家用记账的部分，因为我都是通过电子支付，所以会自动记录。省去了花一笔钱记一笔账的麻烦，打开手机 App 就能确认消费明细。

也许大家会觉得惊讶，我有一阵子迷上了佛教，阅读了不少相关书籍，那段时间我每天用抹布擦地。在佛教中有"打扫就是修身养性"的概念，鼓励人们一早打扫，当作一种修行。打扫不但让房间变得干净，还能修养身心、让人神清气爽，我对此感同身受。所以我也曾经努力让自己喜欢打扫，但这种努力没有换来"喜欢"，却给我带来痛苦。

话说回来，我虽然不擅长打扫，但非常喜欢打扫过后干净的状态。所以我减少物品，以免房间杂乱；购买扫地机器人，让打扫尽可能自动化。这种"为了不用努力的努力"不可或缺。越是逃避这种努力，越容易累坏自己。

既不卖也不转让，而是"当作垃圾丢掉"

舍不得扔东西的人有三大借口：**"扔了多可惜""还能拿去卖""还能送给别人用"。**

第一个借口"扔了多可惜"应该说成"不扔才可惜"。该扔不扔的东西多占了一部分地板的空间，等于浪费这一部分的房租。"我一直想扔，就是下不了手，心情好烦躁"，这样做才是无端浪费精力。所以三下五除二，先扔再说。大不了扔了再买回来，就算扔错了，也可以重新获得。说实话，一旦扔了，大部分东西你不会再买回来。根据我这 8 年极简主义生活的经验来看，我重新买回来的东西只有 6 件。扔掉的东西已经多达几百件。

究其原因，当你思考一样东西该不该扔的时候，其实大多情况下你已经不需要它。举例子来说，现代人应该很少会考虑"我要不要扔掉智能手机"这样的问题吧；如果心仪的异性找你约会，应该很少有人会犹豫要不要拒绝吧。人类对于明显有需求的东西是不会犹豫的。如果真的需要，根本不会想到丢弃。当然，对于有纪念意义的物品或是某些限定商品，因为一旦丢弃就无法买回，可以慎重考虑后再决定。这些东西不妨先拍个照再决定是否处理，或是确定绝对不需要再丢弃。也因此，我自己很少买限定款，基本只买损耗之后还能重新买到的经典款。

接下来是舍不得扔东西的人的经典借口"还能拿去卖""还能送给别人用"。**但基本方针是"无法放手的东西，不妨全部扔掉"。**

也就是说，刚开始练习整理的人，心里不该想着转卖或是送人，而是应该把物品"当作垃圾丢掉"，这样更直接，也更环保。

这些年 SDGs（联合国可持续发展目标）等可持续发展的概念蔚然成风，不少人纷纷质疑我作为极简主义者把东西当作垃圾扔掉很不环保。我可以轻松反驳这种说法，因为在觉得某样东西当作垃圾处理也无所谓的时候，它已经不符合环保的概念了。当拥有物品数量多到自己无法管理时，就无暇考虑环保的概念，然后人们以"还能拿去卖""还能送给别人用"为借口，陷入不要的物品越堆越多的恶性循环。

所以在想丢弃的时间点，把不要的物品一一处理，只留下自己不会丢弃的物品。从长期来看，这么做才符合环保的概念，况且你扔东西的决心和热情可能随时会消退。

在接下来的第七章中会提到"物品的退场策略"，以及着手收集少数精品的做法。如此一来，转卖也好，赠送也罢，你会感受物品的循环和流通，生活也多了一份轻松。**在最快、最短的时间内，达成"最小限度的持有"，这才是最环保的行为。**将物品当作垃圾处理的优点还不止于此。

《二手店无法让人心动》，这是在美国知名的《华尔街日报》上刊登的一篇报道。当"整理物品"在美国形成一股热潮时，二手回收店的门前总是大排长龙。商家反映"有些人带来完全没有用的东西""我们店并不是垃圾站"。二手回收店通常都选在高租金的地段保管物品。说得难听一些，**学习整理的初学者，手里只有破铜烂铁**。再加上现在是大量生产、物品过剩的时代，你眼中的"破铜烂铁"，在别人眼里也是"破铜烂铁"。我不是在批评那些推荐整理、减少物品的人，我也是其中之一，我觉得许多人搭上这股潮流开始整理东西是一件好事。在这段过渡时期，确实会不可避免地发生各种问题。

当然，我们闲置的物品中，可能有一部分价值数千日元甚至数万日元。这些不需要的东西，我们完全没有必要当作垃圾处理。如果卖价合理，或是别人需要的东西（有市场需求、可以卖掉的高价物品），应当尽早转卖出去。我们要避免舍不得扔而一拖再拖，不妨换算一下自己的时薪，制定一个"低于××日元就扔掉"的规则。如果你还是觉得这么扔掉有负罪感，拿去二手店回收也是一种策略。比如优衣库、无印良品MUJI、ZARA等店都提供衣物回收服务。

总之，基本方针就是"无法放手的东西，不妨全部扔掉"。一时舍不得扔，不要的物品越堆越多才是真正的问题。

舍不得丢东西的人不妨"缩小物品的尺寸"

我在之前提到尽早丢弃,"达成最小限度的持有,才是最环保的行为"。话虽如此,在扔东西的时候,不能想当然,抱着"反正不需要"的心态。减少物品的时候,一定要先分析**丢弃物品的原因**。

就算熟练掌握了如何丢弃物品,如果改不掉乱买东西的习惯,那就没有任何意义。只要不乱买东西,就无须丢弃物品。我也并不是从一开始就懂得如何选对物品,也并非一下子就擅长减少物品,这都是在不断地分析和实践之后,才养成了挑选物品的眼光。就算只是一件衣服,也可能会遇到"颜色太新奇,不容易穿搭",或是"因为在打折就买了下来"这样的情况。**不断分析买错东西造成囤积的失败经验,可以提高我们选择和取舍的准确度。**

反正都是要扔,还不如培养自己成为一个不会乱买东西的人。也许被我们扔掉的物品,也希望可以帮助它的主人不断成长。

此外,不少人误以为减少物品就是"放弃不要的物品",所以像自己感兴趣的东西,或是与回忆相关、不想丢弃的物品就没有必要逼自己扔。其实不然。

对于觉得"东西很占空间，处理起来很费时间"或是"一开始就没有勇气扔东西"的人，我的建议是**"缩小物品的尺寸"**。

· **时尚：**减少整套衣服或是连衣裙的数量，但可以适量增加配饰。这样既可以享受时尚，又无须购买太大的衣柜。

· **电视：**改用索尼的 nasne 小型家用多媒体移动终端。

· **有纪念意义的物品及书籍：**用智能手机拍下照片，或是剪下重要的单页再丢弃。

虽然我留下的物品数量很少，但全都是我中意的物品。我特别喜欢任天堂 Switch 游戏机，也常用它来玩游戏。有些东西虽然看起来冗余，但对我来说，却是必要的物品。如果想在大屏幕上玩游戏，也可以用投影仪取代电视，或是改用移动端投屏。因为我没有安装调谐器，所以无须支付电视的收视费用，同样也不会看无线电视的节目消磨时间。如果有想看的无线电视节目，只需使用索尼的 nasne 家用多媒体移动终端，就不需要液晶电视。可以直接在智能手机或电脑上收看节目。外出的时候，也可以把节目录下来。

另外，像是毕业纪念册，我都只把与回忆相关的页面拍下来，然后就处理掉。因为毕业纪念册很少会拿出来翻看，但占空间又积灰。

在减少舍不得扔的纪念品或是礼物时，也可以使用"缩小尺寸"这种方法，十分有效。**宾夕法尼亚大学的一项实验结果证实，拍成照片再丢弃（让物品的尺寸缩小），这种方式可以让物品减少 15%。**

在要求学生捐出不需要的物品时，如果直接捐赠，捐赠的物品有 533 件，如果让学生拍照之后再捐赠，捐赠的物品多达 613 件，后者比前者多了 15%。即便没有实体，但是转化成了可以随时回顾的手机照片，就能跨越"没了怎么办"的心理防线。

之前有人问："我想扔了现在不用的棒球手套，但是我不想忘掉当年练习时的热情……该怎么办？"想放手扔掉但又想保留回忆，两种情感交织在一起，难以释怀。我当时的建议是"剪下手套的一部分留下"这样的折中方案。就像有人会把杂志上自己喜欢的某一页剪下来收藏，有纪念意义的物品也无须百分之百完整收藏，留下一部分，就足以重温当时的记忆。

换言之，**我们舍不得的不是物品本身，是与物品相关的回忆或功能**。虽然缩小了物品的尺寸，但没有放弃物品的功能，就算没有减少所有物的数量，也能够降低拥有成本。

在整理物品的时候，人们往往只重视减少物品的数量，建议大家也时刻留意"压缩"这一概念，从而减少物品的"体积"。反过来说，即便减少了物品的数量，但如果家里都是大型家具或无法折叠收纳的物品,那就仍然无法从空间的束缚中解脱。选择物品时,应该优先选择更小、更紧凑、能折叠收纳的物品。搬家时轻松自在、房间里宽敞舒适——这些都源自节省空间的生活方式。

需要的东西，一度放手也会回到身边

我也曾经有过"放手某样东西后，发现还是需要，又重新买回"的经验。我曾经买过 3 次同款背包。

第一次买的时候，纯粹是觉得背包设计简单又很酷。用了一段时间后，觉得换稍微小一点的背包比较好，于是挂在"煤炉"上卖了。第二次则是买了 S 号的同款背包。

后来新冠疫情暴发，旅行和外出的次数随之减少，用到背包的机会也变少了。因为包一直不用，放着积灰，我又把它挂在"煤炉"上卖了。

两年后，疫情逐渐得到控制，外出摄影的机会增多，我又在"煤炉"上买了同一款背包。可能会有人觉得"既然来来回回买了 3 次，那还不如一开始留着就好，这不是浪费钱吗？"或是"何必那么执着于同一款背包，换别的包也可以啊"。

不过，我只是在"煤炉"花了 10 000 日元，把之前用 10 000 日元卖掉的背包买回来而已。我喜欢的这款背包是高迪斯奥（Côte & Ciel）的商品。这些年在二手市场上，这款包的价格基本维持在 10 000 日元。

我只是用相同的价钱买卖同一款背包而已。也就是说，**"煤炉"就像是我租的仓库，我只是暂时租用这款背包，完全没有"拥有"这款背包的感觉。**在"煤炉"问世、物流增速的现代社会，这种感觉尤其强烈。

所谓的"卖掉两年之后重新买回"只不过是结果论。

如果新冠疫情从未暴发，这款背包我应该一直在用；如果疫情迟迟难以趋稳，别说是两年后重新买回，可能这款背包一直都不会再有出场的机会。为了不用的物品一直支付拥有成本会造成什么危害，在本书中已经多次提及。

"当下虽然用不到，但总有一天会用到……"

与其这样纠结，不如干脆放手。真到了需要的时候，这样物品还是会回到你的手里。在你不使用的这段时间，交由别人使用、别人管理就好。这么做才是物品的有效利用，既不浪费，自己也觉得轻松。**更重要的是，"一度放手，却想再次找回来的东西"会让我们重新认识自己到底需要什么。**重买3次同款背包确实有些夸张，我也曾经劝自己其实可以换一款背包试试，但我发现这款背包真的特别好用，也很中意它的设计，所以就没有买其他款。

这种想法也能用来分辨哪些是必要的物品。在犹豫该不该扔的时候，不妨扪心自问："我在放手之后，愿不愿意再花钱把它买回来？"如果答案是愿意，那就留着。因为这代表它是**你必备的物品**。

在本章的最后，请允许我介绍大型垃圾这种很难放手的物品该如何处理。虽然我在前面提到"刚开始练习整理的人，应该把物品当作垃圾丢掉"，但大型垃圾是个例外。因为有比当成垃圾更快放手的方法。比如，最近我处理掉了伸缩杆。我用不到它，但是由于这根伸缩杆太长，垃圾袋放不下。于是我就在 Jimoty 这个平台上询问，有没有人愿意 0 日元收购它。Jimoty 其实是一种"当地布告栏"的概念，它是让附近的居民互通有无、传递资讯的网站。人们通过它，把不需要的物品转让给邻居，或是发布招人信息。我把这根伸缩杆放上 Jimoty 之后，才 4 分钟就有人跟我联系，20 分钟后，就在自家公寓前完成了交易。原因很简单，因为我是"0 日元出售"。如果我将售价定为几百日元，也许还会有人前来购买，但我想趁着工作空当赶快处理掉这根伸缩杆，刻意将售价定为"0 日元"，果然很快就有人响应。另外，如果预约大型垃圾回收，等上 1 个月的时间也是家常便饭，还要另外收取处理大型垃圾的费用。通过 Jimoty 完成大型垃圾的"回收"才省时又省钱。

容我再说一次，刚开始练习整理的人不要抱着"卖掉破铜烂铁赚钱"的想法。**要告诉自己"哪怕是白送也好，尽早出**

手，尽早拥抱精简生活才是赚到"。减少物品，搬到小房子住以后，如果每个月可以少付 1 万日元的房租，一年下来就省下了 12 万日元，这几乎是半永久的获利。如果你想通过卖出物品赚钱，就会因为拥有成本，不断支付利息，反而得不偿失。

Chapter 7

第七章

不过度拥有的『加法法则』

人生不是"不断做加法",而是"先加后减"

"介绍减法也就算了,这本书的名字是《放手的练习》,你怎么介绍起加法了呢?"

"我是为了减少物品才开始读这本书,我才不想知道增加物品的方法。"

我似乎可以听到读者朋友们的这些心声。在我协助许多人整理收拾之后,我发现东西多的人有一个共同点,那就是**不擅长减少物品的人,常常乱买东西。因为他们不擅长加法,也不擅长减法**。

- "我怎么会买这个?"有些人难以想象自己竟然买了劣质商品。
- 问他们在哪里买的、多少钱买的,一问三不知。
- 买完就放在一旁,处理的时候完全没有头绪。

当然,人很难一开始就懂得如何合理购买,也不可能每次百发百中,买到需要的东西。我也知道,持有物品的理由不只是质量好,也会与回忆等无法用价格和质量衡量的东西有关。然而一个人不擅长加法,导致不擅长减法的情况数不胜数,比如——

- 因为别人也有，买下了自己不需要的物品。
- 贪小便宜吃大亏，买了一堆便宜货，想卖也难以出手。
- 不知道家里有没有库存，相同的东西买了两件，造成浪费。

不擅长加法的人，不管买了多少东西都不会满足，家里堆满了"扔了也无妨"的东西。**减少物品的过程早在购买时就开始了。**擅长加法的人，往往也擅长减法。

- 不盲目跟风，以自己的标准挑选必要的物品。
- 身边都是高品质、易定价的物品。一旦不需要，可以立即找到买家。
- 准确掌握需要的量，不会重复购买自己有的物品。

此外，我对增加物品也毫不犹豫。只要认定是必需品，我就立即入手。成为极简主义者之后，很容易将所有的注意力放在减少物品上，陷入"东西越少越好""尽可能避免买错东西"的价值观。

极简主义的本质并不是"减法"，也不是减少物品的行为本身，而是通过精挑细选的过程，抛去迷思，"凸显"对自己重要的事物。既然减少、丢弃物品不是极简主义的目的，我们就不必执着于不买或不添加物品，因为这么做是本末倒置。

如果遇到让自己的人生变得丰富，或是让自己的生活更有效率的物品，我都会毫不犹豫地尝试，就算不买，也可以通过租赁或是共享服务使用。其实犹豫不决是浪费时间，就算是考虑再三买下的东西，也有可能在使用之后觉得不合适，或是因为生活状态发生变化而不再需要。如今我们可以把"煤炉"或社交媒体当作补救失败的手段，这样的选择非常多。"早失败，少损失"是硅谷的准则。如果以转卖为前提，就能减少损失。另外，我非常喜欢冈本太郎[1]所说的"先加后减"。我觉得"先加后减"正是极简主义者的生活写照。

请允许我引用一小段内容："好像每个人都认为人生是不断做加法。我不这么认为。我觉得人生应该先加后减。财产也好，知识也罢，越累积反而越让人失去自在。"（《生命力强的话语》，冈本太郎著）

自称极简主义者的我，一路走来也经历过无数浪费与失败。或许这一切都是"绕远路"，但如今我打心底里觉得"体验过这些真好"。在经历种种以后留下的物品都让我倍加珍惜。说得极端一些，就算是花钱大手大脚、物欲熏心的人，只要东西入手一件、出手一件，数量就不会增加，也能够一直维持相对精简的数量。将物品"藏而不用"，可以说是万恶之源。

1　冈本太郎（1911—1996），日本艺术家。

思考物品的"退场策略"与"流动性"

长期以来，我在添置物品时，都是以"放手"为前提——考虑能否出售、能否转让、能否用完。

为大家举一个例子，叫作**"'煤炉'阅读法"**。也就是"在书店买书，开始阅读之前，挂在'煤炉'上卖，然后在成交发货之前读完"的方法。不少人想养成阅读的习惯，却只满足于买书的过程，他们的书架上积了一堆书却没读，书架俨然成了装饰。如果采用"煤炉"阅读法，就会因为不知道什么时候会被买走的紧张感，养成专心阅读的习惯。更可喜的是，如果是刚出版不久的新书，没过几天就能脱手卖出，也能拿回买书时大部分的成本，相当于花小钱就能阅读时下最新、最热门的书刊，同时因为以"放手"为前提，书架也不会被塞满，这可谓一举两得。

就算一本书在读完之前不得不出售，也可以用拿回的钱再买一次。如果不是非读完不可的书，代表现在自己不需要这本书，所以读不完也没关系。总之，所谓的"退场策略"就是在出售、转让、用完三个选项中选择一个。

（1）出售： 热门品牌的商品、刚上市就流行的商品。

(2) 转让： 利用社交媒体寻找接手的人，租赁或者共享等"用完换别人使用"的情况也包含在其中。

(3) 用完： 食材、日用品等消耗品，也包括快时尚的衣物。

能从出售、转让、用完三个选项中选择其一是最理想的状态。最不济的情况就是扔掉。如果没有扔掉，一直放在家里不用，只会占用空间。退场策略就是为了避免这种情况发生。

容我再说一次，刚开始练习整理的人把物品当成垃圾丢弃是迫不得已。因为在没有退场策略的情况下，以"还能拿去卖""还能送给别人用""说不定以后用得到"为借口将东西堆在家中，那整理就无从谈起。不要的东西越堆越多，减少物品的动力也消耗殆尽。考虑退场策略中的出售和转让两种方法时，有一种分辨的方法：**物品是否当作垃圾处理，全靠"物品的流动性"来判断。**

"放手时的感觉，我也很喜欢。"

这是苹果官网的一个文案。据说 iPhone 手机的产品特征是"机身采用了可以 100% 回收的铝"，旧款 iPhone 也能通过换购的方法享受抵价优惠。这是符合环保概念的做法。在如今人手一部手机的时代，这种做法让手机可以循环再利用，同时也不断维持正面的品牌形象。让产品不至于被当作垃圾处理正是大企业的强项。

另外，苹果公司也有认证翻新产品。这是将回收的二手产品翻新成新品的状态，再以最多低于最新款15%的市价出售的服务。简单来说，就是通过公司认证的翻新产品，可以让消费者以更低的价格购买，销售端的苹果公司也能赚回翻新部分的成本，而且还兼顾了环保，可以说是一举三得。

最糟的情况是，一件物品想出手却没人接手，放在家里积灰。自己不再使用的物品若是没人接手，就只能当作垃圾丢弃。

如果用更简单易懂的方式解释"流动性"，就是"想卖的时候，能不能立刻卖掉"。股票市场和房地产市场中存在"流动性风险"一词。比如说，想卖出手中的房产，通常需要一定的时间才能找到买家，很难今天说要卖，明天就能卖掉，所以房地产的流动性通常不强。

只要想买的人和想卖的人一直存在，就可以随时出手卖掉。
那么，什么是流动性较强的物品呢？像是上市公司的热门股票，在开市期间，可以随时交易变现，所以流动性很强。以物品为例，就是在"煤炉"或是二手商店能立即卖掉的名牌商品。此外，租赁和共享服务可以随时解约，所以也是流动性较强的例子。

"单点豪华主义"与"舒适原则"

在添置物品时，除了要注意物品的流动性，还要留意"单点豪华主义"和"舒适原则"这两个概念。**因为流通性强的物品二次出售的价值也高。**买这些物品的时候，要秉持"一分价钱一分货"的想法，集中资金购买这类物品。

我的例行习惯是每年都会购买新款 iPhone 手机。这也是重视二次出售价值的购物方式。虽然我知道，有些手机价格比 iPhone 便宜，有的功能也比 iPhone 优秀，但是 iPhone 的品牌价值很高，就算使用了一年，还能卖出原价六成至七成的价格。这就相当于我只花了三成的价钱就可以使用新手机。如果是用了两三年，出售的价格就会变得较低，而且用得很旧的手机也没什么人想要。

我曾经见过用了好多年的翻盖手机、智能手机放着积灰的情形，这样真的很可惜。如果能在决定不再使用的时候出售变现，就不至于将来把它当作垃圾处理。另外，如果先设定好"一年后出手"这一退场策略，使用起来也会倍加小心。**拥有好物品就等于拥有现金。**另外，这里提到的"二次出售价值"其实是二手车市场使用的术语，指的是物品在二手市场的价格。那么，我们应该把资金集中在哪些物品上呢？其实很简单，就是会长时间使用的物品。让我们从自己的生活中倒推看看。

· 手机：每天使用 8 小时。工作、娱乐、电子支付……在各种场景使用。
· 床垫：每天使用 8 小时。除了睡觉的时间，也包括叠起来移动的时间。
· 滚筒式洗衣烘干一体机：每天使用 3 小时。除了洗衣、烘干之外，也会对 24 小时穿在身上的衣服造成影响。
· 扫地机器人：每天使用 1 小时。每天早上起床后，一定会用它打扫地面。

就像这样在脑海中回想自己的一天，再将资金优先集中在会长期使用的物品上，这就是所谓的"舒适原则"。这是一种能够提升满足感的花钱方式，也得到了科学上的验证。

话虽如此，可能有些人会因为害怕在一样物品上花那么多钱而下不了手。其实感受一件商品的价值与它的定价高低没有关系。反过来说，如果你打心底里想要一件商品，却因为价格望而却步，这无异于压抑自己的情感。

不知道划不划算的东西，就是不需要的东西——本书已经多次提及这一概念。如果反复纠结，最终只会这个也想要、那个也想买，无论什么时候都无法满足自己的物欲。最重要的是，明白贪小便宜吃大亏，减少购物的频率，就能让自己逐渐储备资金。

这么一来，也会减少因为价格较高而放弃购买的情况。换言之，在关键时刻采用"单点豪华主义"的消费方式，是一种以少量物品让人满足的不二法门。

我在这里想说的并不是"便宜的东西是魔鬼，要买就买高级品"。比如我自己爱穿的T恤是单价1200日元的便宜货。我并不是因为这件T恤便宜才买下的，就算它定价2000日元或者3000日元，我还是会买下。这款1200日元的T恤，5年中我已经购买了多次。虽然只需1200日元，我却能说出这款T恤的很多优点——符合我的体形、厚实耐穿、不容易起皱、方便清洗……"实际需求和价格高低没有关系"说的就是这种情况。

另外，选择比较保值的商品的好处是一来不会变成垃圾，二来在紧急时刻还能变现。人生路上充满变数，即便是把闲钱拿去投资，也有可能因为突发事件而急需大笔资金。世界形势、生活方式瞬息万变，被人们长期认同的价值观可能在一夕之间崩塌或被时代淘汰，想必大家在经历过疫情后都深有体会。

让物品像水、像血液一样不断循环。如果不加快新陈代谢，身体就会越来越胖。有一句话说得好："金钱让世界运转"，其实"物品也让世界运转"。

物欲只有买到手才能放手

成为极简主义者之后,我发现物欲最终只有通过买到手才能缓解。

"有时候被各类资讯迷惑,把不需要的物品误认为自己想要的。"

"如果不知道要不要买,就给自己一段时间冷静下来,然后就不想买了。"

想必有些人会有上述意见。这类情况的确会发生,但是如果考虑良久,还是觉得想要或是需要又会如何呢?以我为例,自从我打算成为极简主义者之后,便将绝对想要的东西列成了一张清单,决定这些物品的优先顺序,然后依次购买。

(1) 滚筒式洗衣烘干一体机 20 万日元。
(2) 扫地机器人 3 万日元。
(3) 投影仪 10 万日元。
(4) 医疗胡须脱毛费用 20 万日元。
(5) 视力矫正手术(ICL 晶体植入术)费用 88 万日元。
(6) 牙齿矫正费用 100 万日元。
(7) 向往的"酒店生活"费用 50 万日元(3 个月)。

总计291万日元。

粗略估计，需要耗费300万日元，然而我在7年之内，到手了所有想要的东西。换言之，就是**选择极简生活后，尽快开始存钱，然后依次购买自己想要的东西。**

这些东西能不能不买，用其他物品代替呢？
忍耐了很久再买，不会觉得压力很大吗？
不会觉得每天纠结烦躁吗？

当然，滚筒式洗衣烘干一体机的工作，可以请做家务的专业人士代劳，无须特意购买。但这么一来，就会有别人来家里的风险，还需要花时间下达指示，这与我心目中的理想生活相去甚远。（我无意否定代做家务的专业人士。）矫正视力的部分也是如此，虽然可以选择戴眼镜或是隐形眼镜，但佩戴起来需要时间，眼睛也容易出现各类问题。在灾害发生的时候，只有裸眼视力正常，才能不需要其他辅助，随时都看得清楚。

反过来说，"没钱就无法解决的物欲"，我只需攒出300万日元就能全数解决。因此我才先将这些物品列成清单，随后逐一完成。这也是我控制房租，持续极简生活的动力。据说独立生活一个月的平均房租大概是6.5万日元，我一直精简节约，所以这7年的房租大约是一个月3万日元。也就是说，每个月房租的差额是3.5万日元，连续7年就是294万日元。

300万日元绝对不是小数目。我一旦决定了自己绝对想要的东西有哪些，就抱着在其他东西上绝不多花半毛钱的决心生活。至于那些总是无法克制物欲，屡屡因为打折又买了不需要的东西而后悔不已的人，我希望他们正视自己的欲望，面对自己内心的想法。本书之前提到"尽早设计规划出自己的生活方式很重要"，也是基于上述理由。决定不做什么事情，持续极简主义的生活方式。越是这样，就越能像"复利"滚雪球一般，拉开与其他人的差距。

另外，我面对物欲的心得是**"知道总有一天会厌倦"** 以及**"乐在其中，直到厌倦"**。好比我虽然很喜欢相机，但是不至于一看到相机，就蠢蠢欲动，恨不得下手。原因是我之前已经在相机器材上花费了将近300万日元，也试过了许多种镜头。

如果你觉得"那是因为你很会赚钱才做得到"，那就错了。因为只要采取"退场策略"，选择共享、租赁服务或是挂在"煤炉"上出售，就不需要花太多钱。我花在相机器材上的300万日元，已经回收了超过200万日元。"虽然一直想要，但是因为……所以就没下手。"与其这样为自己找台阶不买，还不如尽快买到手。**容我重申，减少物品不是极简主义的目的，不增加物品同样不是，执着于"不买"是本末倒置的做法。**

科学证明"体验比拥有重要"

"住在小房子里,把省下来的钱用于面子以外的消费。" 这是《幸福与金钱的经济学》[1](罗伯特·弗兰克著)一书中的结论。该书认为金钱应该用于"非地位财富",而不是"地位财富"。

【地位财富 = 通过与他人的比较获得满足的事物】

年收入、社会地位、教育费用、车子、房子、手表等物质财富。

【非地位财富 = 与他人是否拥有无关,能自行营造幸福感的事物】

健康、休闲、工作环境、安全、储蓄、自由。

※ 结婚处在"地位财富"与"非地位财富"之间。如果从"向亲戚或旁人炫耀""拥有已婚这种社会地位"的角度分析,结婚属于"地位财富";但如果从"对配偶与家人的爱"的角度来看,则属于"非地位财富"。

极简主义者有**"体验比拥有重要"**的价值观。

原因是购买物品时,只有购买的瞬间才能得到满足感;通

---

[1] 英文原著名是 *Falling Behind: How Rising Inequality Harms the Middle Class*。

过旅行或是其他方式得到的经验终身受用,满足感更高。

这一"体验比拥有更重要"的观点也得到了科学的验证。心理学家利夫·范博文和托马斯·吉洛维奇的一项研究指出,"把金钱花在体验上,能得到比把金钱花在购物上更多的满足感"。他们的论文内容如下:

(1)物品带来的幸福感难以为继,没过多久就失去了新鲜感。
(2)即便将金钱换成了物品,还是有可能被他人夺走,而体验是无法被夺走的。
(3)人容易对幸福感习以为常。就算把要的东西买到手,也容易心生"下次还要更好"的欲望。物品的等级、价格的差异让我们忍不住与他人攀比。

结论很简单——**不要在物品上花太多钱**。

放弃现金与先消费后付款，手头的钱就会变多

"有一张神奇的卡片，就算你没有钱，也能让你买到梦寐以求的东西。相信这种鬼话的人，真是蠢到极点了。但是发行维萨（VISA）卡的那群人精得很，他们很清楚人只要有很想要的东西，会什么都愿意相信。"

这是信用卡公司维萨的CFO（首席财务官）尼尔·威廉姆斯的发言。他说这张塑料卡片就像麻醉剂一样，可以缓解付费的疼痛。

某位经营者在接受采访时说："我们想借钱给更多的人。因为这么做，钱就能生钱。利息带来的利润很高，放着不赚钱实在太可惜了。"我对他的这番话印象深刻。

这些年来，不仅是信用卡，连网络交易平台也推出了赊账付款和智能付款等服务。这些其实换汤不换药，都是"先消费后还款"。这类服务在各类平台到处可见。他们不惜借钱给消费者，希望消费者购买东西的理由，想必大家都知道吧。

大家是否有过信用卡刷太狠，月底看到账单后悔不已的经验呢？我自己也曾经因为信用卡消费高于收入而懊悔。"这是为了

更有效率地写博客的投资！"我曾经以此为由，不惜用定额分期付款的方式购买笔记本电脑。结果我支付了高达 18% 的利息。虽说如此，这台笔记本电脑确实有助于我现在的工作，回头看用贷款的方式买下电脑算是正确的选择。只是现在，我会觉得当初应该选择分期较少的分期付款，或者退而求其次，买一台旧款但高性能的笔记本电脑就好。其实以爱用信用卡的人为研究对象的一项调查表明，爱用信用卡的人通常有以下情况。

· 爱用信用卡的人比使用借记卡的人负债多 4 倍。
· 拍卖会上，比起现金支付的人，爱用信用卡的人通常会以 2.1 倍的价格拍下商品。
· 爱用信用卡的人估算月底的账单时，通常会少算 30% 左右。

《花钱带来的幸福感》（伊丽莎白·邓恩、迈克尔·诺顿著）一书中提到了这项研究结果。**因此我一直坚持用借记卡"事先支付"。**借记卡是在支付瞬间，即时从银行账户扣款的"先存款、后使用"的卡片。如果是不善于使用信用卡那种"先消费后付款"方式的人，可以改用借记卡，让自己以现金支付的感觉消费。

另外，借记卡与信用卡一样，可以在国内外的维萨、万事达的加盟店使用。使用的时候，还能享受 1% 的现金返点回馈，十分划算。因为无法支付高于账户余额的金额，不用担心过度消费，用起来很省心。

不过，每个月的水电费、通信费及其他固定开销，我都是使用信用卡，而非借记卡。因为借记卡有时无法设定支付月费（为了避免余额不足拖欠费用）。只要定下"信用卡用来支付固定开销"的原则，就不太会出现信用卡刷爆、消费高于收入的情况。

除了选择事先支付的方式之外，我也坚持尽量不使用现金。**以我看来，现金是可怕的东西。因为无法留在电子记录里，一旦发现一笔钱不知道用在哪里，也很难追踪和查清。**如果不小心弄丢或是被盗，也很难找回来。另外，现金支付无法累积返点，也无法留下"从何时开始支付"的记录，因而无法累积"信用"。

这些年，纸币和硬币都已经成了细菌和病毒的温床。现金有可能成为感染疾病的原因。很多人都知道，日本政府也在推广无现金支付。如果使用现金，店员必须接触纸币、硬币，造成他们的负担。

如今只要通过智能手机扫描二维码，就能完成无现金支付。在灾害频发的日本，如果只依赖现金，就可能出现无法从ATM机取钱、电子收银机无法找零、现金被偷这样的问题。大家不妨先同时使用现金和借记卡，一步步练习没有现金的生活。

减少物品的奥义是灵活运用智能手机

说起信用卡、无现金支付，那就必须提到灵活运用智能手机至关重要。因为在新冠疫情暴发后，**灵活运用智能手机是对生产者的一份体贴、一种帮助**。让我为大家举三个具体的例子。

1. 取消纸质门票的现场音乐会

我在 2021 年 10 月和 12 月，参加了两次音乐会。这两次音乐会有一个共同点，就是为了防范新冠疫情，取消纸质门票的发售，只能使用电子门票入场。

其中，人气组合 YOASOBI 的演唱会让我备受冲击。首先，每个人都需要携带手机，否则无法入场。当时我是和一个朋友结伴去的，购买 2 张票时用的是我的姓名和手机号。我以为我一个人就可以领取我们两个人的票。没想到就像是 PayPay 的"费用均摊"功能一样，居然要将电子门票发送到我朋友的手机中，如果没有带购票时联系号码对应的手机，就无法入场。这么做是为了杜绝黄牛票或其他非法转卖行为，我觉得十分合理。

另外一件让我大吃一惊的事情是没有观众带着荧光棒，以及可以全程拍照录影。只要每一位观众都打开手中的手机拍摄，闪光灯就足以照亮会场。所以整个观众席只有白色的光。因为开放在社交媒体共享，所以演出过程中可以随时拍照录影。也就是说，这场演唱会中，观众可以随心所欲地使用手机。数字戒断的概念在这场演唱会中完全不存在。每一位观众都可以单手拿着智能手机，享受整场演唱会。

2. 手机点单的餐厅

所谓手机点单就是利用智能手机扫描贴在餐厅桌上的二维码，手机上就会自动显示菜单与点餐系统。有些店家甚至提供从店外提前订餐的服务。这么一来，顾客抵达店家，就能立刻外带商品。麦当劳、星巴克这类大型连锁店当仁不让，不少个人经营的餐厅也开始引入这样的服务。

有些餐厅甚至没有点餐专用的平板电脑，默认客人带着智能手机进店用餐。这应该是因为添置平板电脑或是引进无现金支付的收银机，也需要一笔费用。我认识的一位餐厅老板，在疫情期间苦苦支撑，但苦于人工费用不足，无法请到更多的员工。他的餐厅经常客满，店员因为出餐、洗碗碟，忙到几乎没有时间帮客人点单。手机点单可以帮助缓解店内人手不足的问题。

3. 婉拒现金的商家越来越多

2021 年 6 月，我曾因为工作关系住在东京都内的酒店（相铁 Fresa Inn)。这家酒店只接受无现金支付。支付方式包括各种卡片、PayPay、LINE Pay 等，唯独不接受现金。虽然酒店入口处有 3 名工作人员接待客人，但实际入住时，是使用无现金支付的专用机器办理入住，这 3 名工作人员只是负责介绍机器的操作方法。另外，经营乐雅乐家庭餐厅的皇家控股有限公司，因为推出"婉拒现金，只接受无现金支付的餐厅"而引起热议。

电子门票、手机点单，这完全是一股"去现金"的浪潮。新冠疫情已经彻底打开了"潘多拉魔盒"，数字化的趋势已经不可阻挡。**人们一边预防病毒感染，一边参与社会活动，通过智能手机互助必不可少。**

就这点而言，我很感谢我父母的教育方针，感谢他们在我 16 岁能够申请借记卡的时候，劝我办理借记卡。当时我还是高中生，只要在网上买东西，就会因为货到付款而多支付手续费。看不下去的父亲对我说："用卡支付，就不用多付手续费。"

如今也有任何年龄都可以申请的预付卡，比如 Kanmu 公司推出的 VANDLE 卡，或是 Kyash 公司推出的 Kyash 卡。如果有朝一日我成为父亲，我一定会让孩子使用智能手机，而且给零用钱都会用无现金的方式，让孩子趁早练习，习惯科技。

通过无现金支付积累"信用分数"

使用信用卡或是无现金支付时，积累"信用"是不容错过的优点。我自己以自由职业的身份工作活动时，也是凭借信用卡的交易记录（历史账单）通过了入住资格的审核。

在当今日本社会，比起公司职员，自由职业的社会信用仍然较低，通过各项审核也相对困难。所以能够凭借信用卡交易记录通过审核，实在让人庆幸。**这要多亏了我从早年开始，连续数年坚持使用信用卡支付水电费与其他固定开销。**

信用并非只限于信用卡。美国与中国早已进入了信用评分的社会。尤其中国，更是如此，无现金支付的普及率接近100%。无论是日常购物、支付公共事业费用、缴税，还是与朋友分摊餐费，全都采用无现金的方式支付。流浪人员用二维码接受爱心捐款的画面，还一度成为新闻热点。

在无现金支付成为常态的中国，信用评分越高，越有机会减免租房时的押金，或是免除预订酒店或共享服务时的押金，可以免费租用雨伞或简化旅游签证的申请，信用评分正让社会发生着巨大的改变。为了提升信用评分，社会的诚信度将不断提高，经济活力得到进一步激发，审查成本也相较无信用评分的社会大幅下降，可谓优点良多。

在日本，类似的信用评分制度也已逐步推行。连我公司的连我积分（LINE Score）就将使用连我支付（LINE Pay）的频率视作信用评分，用户会因为累积了一定的信用评分而收到礼物，或是可以以较低的利息借款。另外，都科摩（NTT DoCoMo）推出的都科摩积分（DoCoMo Scoring）也会根据电信费用的历史记录给予用户优惠。从企业的角度考虑，当然也希望优待值得信赖的人。往后，这股潮流可能会不断加速。

另外，"现金数字化"的趋势也因为新冠疫情而加速推进。

2021年4月，日本银行开始进行"数字日元"的实验。这与现在主流的信用卡或PayPay"无现金支付"模式——企业将消费者账户中的现金转化为数字化资料，替消费者付款——完全不同，是国家从政府层面正式将纸币和硬币替换成"数字货币"的一项实验。

"数字日元"采取了与比特币相同的系统（区块链）。不仅是日本，全球各国都在推动数字货币的实验。例如欧洲正在实验"数字欧元"，而中国也推出了"数字人民币"。这些数字货币可以用于日常生活中的消费场景，所有的支付都会在网上留下记录，而且任何人都可以浏览这些记录。**如此一来，就可以防止做假账或逃税等犯罪行为，资金无须通过银行账户就能安**

全流动。另外，因为户籍或者家庭因素无法开设银行账户（无法使用信用卡与 PayPay）的人也能够使用金融服务。 如果将来真的如此，智能手机将更加不可或缺。

区块链的原理有些复杂，想详细了解的读者请自行查阅。以相同原理运作的还有最近非常流行的 NFT（非同质化代币）。迪士尼、三丽鸥开始推出非数字产品的 NFT 艺术品。NFT 与比特币的机制相同，NFT 的应用场景有"出售读完的电子书的所有权""获得数字版新冠病毒阴性证明"等。对于极简主义者而言，它正成为一项值得欢迎的技术。

以物易物的交易方式因为货币的问世而消失，石头、贝壳这一类货币逐渐被纸币和硬币替代，下次就该轮到纸币和硬币被数字货币替代了。随着时代的进步，金钱、工具也变得更加精简。

不要轻易参与积分活动

近年来，随着各种无现金支付方式的兴起，"××现金反馈"的促销活动层出不穷。企业就算因为这些活动出现赤字，也能在占有市场之后，不断地赚取手续费。

杂志、报纸、社交媒体接连报道"灵活运用××经济圈""办一张××卡，跑遍不同店家赚积分返现""××特卖便宜到不行"等专题，这就是所谓的"分活"[1]风潮。

日语中的"分活"是参加积分活动返现的缩略语。让我记忆犹新的是，2019年10月以后，消费税从8%涨至10%。有些人抢在消费税提升2%之前，大量购买卫生纸等日常用品。店家被抢购一空的画面让人印象深刻。然而就算买了1万日元的卫生纸，也只不过节省了200日元而已。

读者朋友可能已经发觉了，热衷于积分活动的行为其实是本末倒置。

无现金支付的返现、积分活动划算，还是某某Pay更划

---

1 日语称其为"ポイ活"。"ポイ"是"ポイント"（point），即分数、积分的意思。

算？哪些商家维持 8% 的消费税率，哪些商家会涨到 10%？了解制度，并灵活运用才是最重要的。但说到底，还是不买不需要的物品。只要不乱买东西，就是 100% 的返还。减少物品、正确掌握所有物的数量、不让家中的库存过期才是最省钱的方法。

当然，我也不是完全否定积分活动。我也会定期检查主要的信用卡，领取最低限度的积分反馈。但是我从未根据不同店家使用不同的信用卡，也从未参加过各大品牌联手轮流进行的促销活动。就算分店家使用信用卡会得到一些好处，但是信用卡管理起来会变得很复杂。终究是不买更划算，因为这些信用卡的管理成本不低。从某种意义上来说，日本的积分制度十分出色，从全球的角度来看，日本也几乎是独享其惠的。在极端的情况下，有些人甚至可以通过积分活动维持生计。之前电视新闻曾经报道过牛肉盖饭店、冰激凌店的门口大排长龙的事情，因为店家免费提供原价大约 400 日元的食品，有些人不惜排上两三个小时的队。如果排队的这些人是没有什么钱的小学生、初中生，我倒还能理解。请大家仔细思考一下：**当你在了解各项促销活动、收集信息看哪些东西划算时，其实已经付出了不少时间成本。**

不拥有自己无法善后的物品

我心目中的理想人生是"正负抵消、最终归零"的人生。

比如最近，我常接到亲戚打来的电话，他们和我说："老家的房子你将来如果想住的话，尽管来住。"言下之意是告诉我："房子的事情就交由你处理。"但说实话，我根本不想要父母的房子。

原因是钢筋混凝土的房子的寿命顶多是 100 年。也就是说，房子的状况会越变越糟，最终无法入住。换句话说，**"房子一代传一代，总有一代会抽到下下签"**。其实我的老家也有几处地方，不是这里漏水，就是那里墙壁开始发霉，亲戚们常常因为修缮费用而抱怨。如果在财产没有处理完的情况下离世，就等于要拜托其他人帮忙善后，造成他人的困扰。当然，人活在世上，就一定会给别人添麻烦。如果善于自我管理，尽力完成力所能及的部分，那就另当别论。如果从一开始就以为了孩子、为了让后代继承为理由，或是购物时让别人帮忙善后，这些做法值得商榷，因为一定会造成他人的困扰。**除了房子，孩子、宠物这样的小生命更是如此，所以最好不要拥有自己无法照顾或者无法善后的东西。**

日本人常常被形容为"珍惜物品"的民族，但在房子上却并非如此。以木造建筑为例，法律规定的耐用年数是22年，房地产业界也以此为标准，将房龄20年的木造住宅的价值判定为零，想卖也卖不掉。房龄超过20年的房子当然也能居住，但是需要定期维修，维修的成本高，十分麻烦，再加上市价很低，没有什么流动性，让人很难出手。

最近我的一个朋友从福冈搬到岛根的乡下居住。让人意外的是房租竟然只要一个月17 500日元。而且，我的朋友还能领到当地的房租补贴，每个月15 000日元。也就是说他实际付的房租是一个月2500日元。为什么可以租到这种又便宜又宽敞的乡村独栋房屋呢？大家不会觉得不可思议吗？

原因很简单，日本的少子化、高龄化现象越来越严重，"空置房"也越来越多。即便以接近免费的价格出售，也很难找到买家。少子化、高龄化迫使更多的日本人聚集在城市，互帮互助生活下去。在这样的背景下，出售房子的门槛很高。

再加上我的老家在乡下，如果我真的住进去了，要维持现在的工作恐怕难度很高。在远程办公普及的当下，我更不想自己的人生受限于一地。**另外，我也很想尝试在海外居住，把孩子束缚在同一个地方，就是妨碍孩子实现梦想。**虽然这种说法有些刺耳，但是我觉得父母的房子是负资产，所以，就算可以免费继承，我也完全高兴不起来。我甚至想大喊一声："自己买的东西就要自己善后！"虽然我这么做会被认为是"冷血无情的孩子"。但是父母、子女终究是独立的个体。

与什么样的人交往，做什么样的工作，住什么样的地方，身边是什么样的物品……自己的人生由自己决定，这才是一个成年人。

日本心理援助机构代表理事大野萌子曾经说过："毁掉孩子的父母都有一个共同点，那就是对孩子做的每件事都说三道四。"我对这句话深感认同。父母之所以过度干涉孩子的行为，原因之一是他们不想对孩子放手，不希望孩子独立。

给孩子房子也是手段之一吧，这是一种以亲情为名的"控制欲"。

正如"空巢综合征"一词，许多父母难以承受子女离开身边之后的孤独感。一个无法满足自我的人，也很难让他人幸福。父母是父母、子女是子女，要维持适度的距离感，就要各自面对自己的人生。放手，也是一种爱。

为什么不是练习"丢弃",而是练习"放手"?

如果突然有人问你"丢弃"与"放手"有什么区别,你能一下子回答上来吗?

它们似乎意思相近,但其实非常不同。

- 丢弃:像是丢垃圾、随手乱丢,丢弃给人的感觉偏向"废弃"。
- 放手:将自己不需要的物品挂在"煤炉"上,或拿到二手回收店出售,或是转让给需要的人。同样也可以通过共享或是租赁服务使用完毕后,让其他人有机会使用。放手给人的感觉偏向"循环"。

至于选择丢弃还是放手,就要看"以什么为优先"。是以金钱为优先,还是以速度为优先?正如本书之前提到的"拿着破铜烂铁去二手回收店,只会造成商家的困扰","刚开始练习整理的人手里大多是破铜烂铁,所以不要想着卖掉或是转让,应该把物品当作垃圾丢弃"。也就是说,有些人是无法选择"放手"这一选项的。也因此,在这一章我写的是不过度拥有的"加法法则"。

换言之,本书的终极目标是"连丢弃物品的数量也符合极

简主义"。

为此，希望大家学会正确增加东西的方法，选择可以让物品得以循环的方式。近年来，联合国可持续发展目标等可持续发展的概念蔚然成风，人们开始越来越重视"循环"的概念。严格来说，联合国可持续发展目标包含了 17 个目标，但本书只是借用"可持续性"（让系统或过程得以持续）的概念。

大受欢迎的漫画《鬼灭之刃》的主题之一也是"循环"。为了防止剧透，在此我省略相关的细节。如果仔细观察《鬼灭之刃》的封面标题，会发现其中画有一个"圆"。话说回来，听到"可持续"这个词，大部分人都只会联想到环境保护相关的问题吧。**然而我在生活、家务以及工作方面也非常重视"可持续"。**具体来说，降低生活难度，不管身体情况如何，都能维持每天的生活水准，果断放弃必须使尽全力才能继续的事情。

以家务为例，只要是人，总会因为身体或是精神状态不佳，无法完成每天的例行公事。但是如果在最差的状态下，也能持续完成当天的家务，那便是**"可持续的家务"**。我使用扫地机器人的理由就是只要按下一个按钮、设定好时间，扫地机器人就会自动运行，为我省去许多做家务的麻烦。

洗衣服也是如此。我觉得下雨或是疲于工作的时候洗衣服很麻烦，所以我决定只买烘干后也不会起皱的衣服。平时的饮食，我也不会特意烹饪，而尽量以可以直接吃的食材（像是鲭鱼罐头、水果）为主。

接下来是工作的部分。我刚开始在优兔上传视频的时候，就给自己立下了"用一部智能手机，不剪辑直接上传"的规矩。提起拍摄视频，很多人会想到买一部很棒的相机，配上灯光，还要使用性能强的电脑剪辑视频……所以他们觉得上传视频是一件门槛很高的事情。最糟的情况就是因上述理由，不愿踏出第一步。其实就算拍得不好也没关系，先拍起来就好。

另外，为了让公司长期经营，就必须扪心自问："这项事业能否可持续发展？"如果无法持续创造利润，总有一天公司会倒闭，员工会流浪街头。

生活品质也是如此。如果是为了体验，我觉得住在高级公寓感受一下也无可厚非。但是在租房的时候，如果不先考虑"能不能在最糟的情况下付得起房租"或是"有没有多余的存款"这类问题，只会降低自己的生活品质。以我为例，考虑房租等固定开销时，我就会思考：**"万一变回打零工的状态，能否维持我现在的生活水准？"**如今，我终于找到了这种"可持续的生活"。

像是高效节能的空调，不会消耗太多电力，电费负担也小。这种重视环保与可持续性的选择，无论对自己，还是对环境都十分有利。

最终章

从留白中遇见真正的自己

生活松弛从容，才能爱上无用之物

我的理想人生是**"尽可能降低生活成本，对无用之物不会有罪恶感，充满留白的人生"**。

比如说，有两个人，他们每个月都可以自由支配 15 万日元。

- 一个人在房租、水电费等固定开销上每个月花费 7 万日元，用于旅行、读书、存款等"自由支配的闲钱"为 8 万日元。
- 另一个人在房租、水电费等固定开销上每个月花费 14 万日元，用于旅行、读书、存款等"自由支配的闲钱"为 1 万日元。

我的理想生活是前者。因为前者的固定开销（最低生活成本）较低，人生的自由度相对较高。比起"为了生计每个月要辛辛苦苦赚够 14 万日元"的人，"每个月只需要赚到 7 万日元就没问题"的人，心里显得更从容。**此外，虽然我坚持减少身边的物品，但其中一样我绝对不会放手，那就是所谓的"玩心"。**

玩心究竟是什么？字典上的解释如下——

"并非必需，但有了会让人开心的东西，是内心的游刃有余，是一种小调皮。"（谷歌日语词典）

"轻松又洒脱的内心。"(《大辞泉》电子版)

最近，在新冠疫情防控中，总是听到"不必要、不紧急"这样的表述。餐厅、旅游业、音乐节、电影院，以及其他各种文化活动都因为"不必要、不紧急"而受到了许多限制。比起医疗机构，它们的紧急程度较低，所以暂时受限也是无可奈何。然而就算文化活动暂时被一刀切，但从长远来看，人类终究需要这些活动。

上下班两点一线、往返超市一成不变的生活消磨了人们内心的从容，让不少人倍感压力。我喜欢蒸桑拿，但健身房和公共澡堂都临时歇业。人在失去了之后才会真切地感受到"这个真的有必要"。我在本书中提到，新冠疫情暴发后，罹患抑郁症的患者不断增加，自杀率也有所攀升。这些年，精神疾病越来越受到大家的重视，过劳死、抑郁、轻生……身处"压力爆棚"的社会，"玩心"可以帮助我们抗压解压。

之前提过极简主义的词源来自"艺术"。艺术品往往被认为不具任何功能性和实用性。"艺术"与"吃、穿、住"不同，就算完全没有，人照样可以活下去。就这层意义而言，"艺术"也许是无用之物。与此同时，艺术却可以赋予人类生活的意义。也就是说，如果抛开一切"无用"与"玩心"，一味追求效率的人生缺乏趣味。

"既然无用的事物那么重要，是不是意味着东西多一点，多花一点钱也没关系？"当然不是这样。**因为能够欣赏"无用之物"是内心从容的人才有的特权。**

"为了下个月的房租，要多排一些班才行……"
"工作累死累活回到家，怎么会有力气收拾家里？"

听到这里，有的人可能会向我发难："难道只有有钱人才配玩吗？"

就现实来看，如果连自己的生活也难以为继，要"欣赏无用之物"更是难上加难。无论是结婚抚养孩子，还是照顾宠物，都需要有相当的经济实力和内心的从容，否则就容易中途放弃。即便是出于兴趣收集物品，也需要腾出精力打扫房子。要不就是花得起钱请阿姨打扫，或是自己退休在家，有充足的时间。所谓"无用"，是游刃有余的人才用得起的。

正如谷歌日语词典中对玩心的解释："并非必需，但有了会让人开心的东西，是内心的游刃有余，是一种小调皮。"如果说得直白一些，**没有游刃有余的"无用"，就是单纯的"无用"。**

所以我们应该先为生活创造游刃有余的"留白"。先减少身边的物品，再考虑要不要住进宽敞的大房子；先过不太花钱的生活，再考虑自己是不是真的很需要钱。总之，让我们从减少身边的物品做起，拥抱生活的留白吧！

钻研"无用"的闲人越发稀有的三个理由

减少物品省下来的时间和金钱用在哪里？其实是用在一些"无用"的东西上。比方说，我的兴趣是打游戏、看动漫。我也喜欢蒸桑拿，每周至少要去三次。另外，我喜欢欣赏极简主义者的房间、美术馆、画廊等"充满留白的极简空间"，也喜欢苹果公司和无印良品MUJI的产品，每次使用极简设计的产品，都让我心动不已。

如今"追求极简主义"这一行为本身成了我的兴趣，也是我开始写博客的原因。如果是对此毫无兴趣的人，在他们眼中，我的这些爱好都是些"无用之物"吧。

打游戏、看动漫能留下什么？
在桑拿房里放空的意义何在？
追求极简主义有何乐趣？

热衷于旁人觉得难以理解甚至看似"无用"的东西，这才算得上是你喜欢又擅长的、只属于你的"偏好"。

常听到有人说自己没有爱好，这是撒谎。要我来说，这只是他们生活中缺乏"留白"，因为每天都忙于一堆非做不可的事情，他们都没能发现自己喜欢什么、对什么感兴趣。所以人们才需要"留白",从留白中发现真正的自己。拥有太多东西,会让自己陷入"负"的状态。但如果将物品减少到最低需求,就能将负数归零。所以,第一步是先减少物品,创造出"留白"才能渐渐了解自己。坚持追求极简主义,可以培养一个人的选择能力,也是找出自己在哪里可以发光发热的捷径。从这个意义上来说,我认为钻研"无用"的闲人会越发稀有。原因有三:因为人工智能、自动化技术的发展,形成"消遣变成工作"的社会;为了腾出时间消遣,需要降低生活成本;"吃、穿、住"和"消遣"的成本变低。

1. 因为人工智能、自动化技术的发展,形成"消遣变成工作"的社会

因为生活多出留白,"极简主义者Shibu"应运而生就是个很好的例子。另外《哈利·波特》的作者J.K.罗琳一边领取政府救济金,一边创作小说的经历广为人知。换言之,时间充足的人,更有可能把消遣变成工作。

最近常常听到人们讨论"随着人工智能的发展,人类的工作将不断减少",这一趋势随着疫情的暴发进展迅速。人们需要面对面的机会变少了,无人收银取代传统结账,自动驾驶技术不断发展,无人驾驶出租车纷纷上路。最近也出现了不少没有店员的便利店和煎饺店。人类渐渐离开传统工作岗位,而短视

频创作者、电竞选手等新兴职业也随之登场。随着社会变得更多元、更丰富，人类的空闲时间也变得更多，工作也可能变成消遣。

2. 为了腾出时间消遣，需要降低生活成本

消遣需要时间和健康，但不怎么需要钱。比如很火的游戏《堡垒之夜》《Apex 英雄》，基本上都可以免费玩。那么钱花在哪里呢？答案是"在游戏中购买不影响角色强度的服饰"。如果你不打算通过虚拟服饰满足虚荣心，那你不需要花钱。至于购买游戏设备，一开始只需要花费 3 万 ~ 5 万日元，就可以玩上好几年。如果买了盒装版的新游戏，通关后立即出手卖掉，可以回不少本。我手上的任天堂 Switch 游戏机买来已经 4 年了，游戏时间将近 2000 小时，直到现在还在玩。从金钱成本来说，游戏已经成为我生活中性价比最高的兴趣。

至于旅行方面，最近只要选择捷星航空、乐桃航空这样的廉航航班，打折时甚至单程 1000 日元就能搭乘。前几天，我从福冈去东京看演唱会坐的就是廉航航班，当天往返不到 1 万日元。当娱乐变得这么便宜，我们的人生需要的就是时间与健康。与其过分拉高生活水准，被每天的工作消耗时间与健康，不如保持较低的生活水准，做一个没有压力、每天睡足 7 小时、拥抱健康与时间的闲人——这样的生活更有价值。

第一章中的表 1-1 的最后一项提到"努力、毅力"正被"喜欢的事情、擅长的事情"替代。中国的老子也很推崇"玩心",因为很懂得生活的人,并不区分工作和消遣。

3."吃、穿、住"和"消遣"的成本变低

2019 年,"到手 15 万日元"这一关键词在推特上成为热门话题。关于"工资只够温饱的工作越来越多,日本没救了"的文章,一度跃居趋势排行榜第一名。如果一个月实际到手 15 万日元,那么加上扣除的社会保险费和其他费用,一个月的薪水大概是 20 万日元。看来低薪已经成为社会问题,但是更严重的问题是"每月到手 15 万日元就感到不幸的心态"。

为什么这么说呢?因为当今社会,就算口袋里没什么钱,两手空空,也能过着与昭和或平成时代"有钱人"一样的生活。现在已经是只靠一部智能手机,就能接触各类信息的时代。只要上网,就能够收看优兔及其他平台上的视频。想用智能手机,甚至可以跳过收费昂贵的三大运营商,选择廉价 SIM 卡。

优衣库 1000 日元的 T 恤品质也很高。"煤炉"出现后,我们能在上面买到便宜的东西,不需要的时候还能出售变现。一些大企业生产规模之大让人惊叹。大规模生产、人工智能……在这个时代,每月到手 15 万日元足以满足最低的生活需求。

如果想让生活过得更滋润，可以尝试副业，在"煤炉"上卖东西，或是做短视频创作者。通过极简生活存钱，学习编程等技能也不失为一种选择。

更何况，现在就算没有存款，也能在优兔上免费收看"名师授课"。我的朋友拓巳建立了名为 Yobinoritakumi 的账号，在优兔上可以免费收看他风趣幽默的课程。如今，比培训班、学校的课程还简单易懂的顶流名师课程都是免费的。随着网络的普及，赚钱的机会和方法层出不穷，每个人都能以"更多面的自己"为目标，所以每月到手 15 万日元不会是不幸的理由。

不能因为兴趣而毁掉生活

酒精中毒、性瘾、游戏沉迷、购物成瘾、手机依赖……我在之前提过"理想的人生是把钱和时间投入喜欢的事情，也不会因此有负罪感"。

也许有人觉得我这句话很矛盾。**问题的关键在于"度"，留白的本质是"适度"，"过度"就成了问题。**

酒莫贪杯，贪杯则舌不知味，喝不出酒本身的香醇。想要长期品尝美酒，就必须适度饮用。也就是说，**越是喜欢的东西，越要懂得节制。**

比如说，我很喜欢打游戏。我喜欢《明星大乱斗》这类格斗游戏，也喜欢《Apex 英雄》这类 FPS（第一人称射击）生存游戏。每次玩的时候，我都觉得时间玩得太长，也不会有实质的战绩，所以我决定每天最多打 10 局，然后天天玩。正因为有限制，所以玩的时候会更专注。比起随随便便打个 30 局，集中精力打 10 局更有战绩，也能学到更多东西。

时尚也是如此。虽然我非常喜欢衣服，但是我的衣橱里放的衣物不会超过 10 件。如果买新的衣物，我一定会卖掉或转让其中一件。正因为拥有的衣物数量有限，才会想尽办法搭配。如果因为喜欢买衣服就买个不停，那么洗衣服、熨衣服，以及衣物的保养都会让人很伤脑筋。衣服数量一旦增加，一定会出现穿不到的衣服。

我在打零工的时候，就不惜用定额分期付款的方式买衣服。我会去喜欢的精品店，与关系不错的店员交换连我号码，只要店里一上新，我就会奉上我打工赚的所有钱。我喜欢的时尚却把我的生活弄得一团糟。**正因为喜欢衣服，所以才限制拥有的数量，一件一件用心穿。**提到上瘾，人们常常想到酒精、性爱、游戏之类容易上瘾的事物，但是就像我一度买衣服上瘾一样，任何事物都有可能让人上瘾，那是一种一旦少了某样东西，就让人心情烦躁的状态。千万别让兴趣毁了自己的生活。

"产出"才能成为抵挡"消费"的盾牌

希望大家尽量养成"产出"的习惯。

因为现在已经是靠一部智能手机就能轻松消费的时代。然而消费多了容易厌倦，不管是照片墙上人们晒的时尚杂货，还是灯光绚烂的夜间泳池，这些都是为了取悦你的"商品营销"。**许多人沉醉于消费带来的幸福，却很少有人因为"产出"而感到幸福。** 消费本身不是坏事，但一味追求消费的人生，长此以往，一定苦不堪言。

还是只靠一部智能手机，就能轻松有所"产出"。最近常常能看见普通家庭主妇在照片墙上发布食谱、大学生在优兔定期上传视频。在艺人音乐 MV 的留言栏里，许多粉丝留言问："这句歌词是这个意思吗？"产出已经不是艺人的专属，普通人"产出"的内容越来越多。iPhone 13 Pro 的广告里就有"好莱坞就在你的口袋里"这句文案，宣传用一部智能手机就能拍摄电影。曾经价格高达数百万日元的专业摄影器材，现在已经内嵌在人手一部的智能手机里，无论是普通人还是专家，都用相同的工具。纵观智能手机的进化历程，也可以清楚地发现，过去往往以"如何快速消费"为主轴，例如屏幕越做越大，最近慢慢转型以"如何快速产出"为目标，例如摄像头画质越来越高，或是搭载 AR（增强现实）功能。

如果说极简主义者的起源是"艺术家"，那么极简主义者压箱底的东西是"产出"。不光要消费别人产出的内容，也要尝试产出自己的内容，产出这一行为本身能够抑制过度消费。

那么具体来说，该从哪里开始产出呢？比如，买了某样东西，或是读了某本书之后，不是就此作罢，而是试着在社交媒体上写评论，也就是输出内容。这和"所有物增加一个，就要减少一个"的规则相同，说、写、行动……我们要进行这些输出的行为。太多现代人总是一味地读、听、看，只输入不输出，大脑信息过载。然而一旦输出成为一种习惯，从那一刻起，你的消费就转变为"产出前的投资"。

我在写极简主义相关的博客之前，常常会写餐厅、配件和书籍的评论。去拉面店的时候，就会拍下菜单，然后把拉面的价格、味道、营业时间汇总成一篇评论，像是"这家餐厅不仅准备了塑料筷子，还备有一次性筷子，真是贴心""特意用炭火烤叉烧，看来这家店对猪肉很讲究"等。久而久之，我变得更加注重细节，更加懂得仔细品尝眼前的美食。

读书也是如此。不要抱着"先读再说，总有一天会派上用场"的心态阅读，要以"我从春天开始就要独立生活，极简主义书籍应该会对我有用"的想法选书。正因为以输出为前提，所以才能抱着"边梳理重点边阅读，以便读完后在社交媒体上写评论"的心态专心阅读、专心输入。

可喜的是，我们在博客写下的文章、在优兔上传的视频，都会以"广告收益"的形式为我们带来收入。"靠喜欢的事情活下去"说的就是这种情况。用于消费的金钱和时间，有一部分是可以回收的，就算无法"变现"，在输出的过程中，可以让我们整理思绪，成为与朋友聊天的谈资，还能让我们在工作场合演讲时侃侃而谈。我常常在优兔上直播，每次直播可以轻轻松松连说3个小时。我之所以可以长时间不卡壳说这么久，是因为我决定要把自己的想法简单明了地传递给观众，所以平时勤于阅读书籍、收集信息。

最优秀的生产者也是最优秀的消费者。优质的输出离不开同样优质的输入，只有这样，才不会起心动念胡乱消费，买起东西来也更懂得精挑细选。而且，使用智能手机产出内容根本不需要花半毛钱，需要的只是时间和精力。

尝试创造留白，面对自己吧

放手物品、重视放空的时间、将压力减到最小……如果这些事情亲力亲为，将人生中无用的东西一点一点排除，那么最终会留下什么呢？

答案是会留下"真正的自己"。生活中许多人常常过着"几点前必须去哪里""每天都忙着洗衣服、打扫"这样忙忙碌碌的生活，承受着巨大的压力。因为这样，视野越来越窄，越来越不知道自己想做什么。可是一旦我们减少物品、减少工作时间和压力，生活就会多出留白。**在某个瞬间当你突然想到"我想试着做做这个"，你口中的"这个"就是"你真正想做的事情"，而这就是"真正的你"。**

在没有压力、放空时想到的事情，往往是一个人喜欢或者擅长的事情，也是最有价值的事情。对现代人而言，生活中这样的"留白"实在少之又少。人生只有一次，这样未免太可惜了。不妨在人生中彻底排除对自己无用的物品，创造"留白"，面对真正的自己。

当我将人生中对自己无用的物品一一排除后，我对设计与艺术的兴趣高涨。这也是本书多次以设计生活方式、美术馆与画廊、功能美为例的理由。前些天，我和朋友逛一家家具店，那家店 1/3 的空间是艺术区，结果艺术区的绘画比店内的家具更让我感兴趣。其实之前我对艺术兴趣不大，准确地说，应该是没有时间和精力关注艺术吧。

事实上，极简主义不只是停留在"减少物品"上，在创作、表达的世界中也备受关注和支持。例如本书在开头介绍的音乐频道"THE FIRST TAKE"，从 2019 年 11 月创立开始就气势如虹，在短短一年十个月里就有 500 万人订阅。极简主义设计的代表、稳居全球市值第一的苹果公司更是如此。

生活中有闲暇的人开始关注设计、艺术的现象比比皆是，不仅仅发生在我身上。比如 ZOZO 的创始人前泽友作豪掷 123 亿日元买下让-米歇尔·巴斯奎特[1]的作品而一举成名。像他这样有钱有时间的人，常常有收集艺术作品的习惯。纵观历史，人类似乎只要拥有了金钱和权力，就会花钱在"美的事物"上。

理由很简单——为了追求乐趣。比如在游戏直播中，类似"禁止使用回复道具""用指定武器战斗"这样设限的游戏方式很受欢迎。如果只是为了通关，这种游戏方式毫无效率可言，却吸引了很多人观赏。其实，这种设限的游戏方式有"艺术"的一面。玩家在比赛中突破种种限制，一幕幕热血场面让观众为之疯狂，奉为经典。

---

[1] 让-米歇尔·巴斯奎特（Jean-Michel Basquiat, 1960—1988），美国艺术家，以涂鸦艺术而成名。

价格高昂的知名艺术品，往往不只是外观精美，作品本身的历史更使其身价不菲。换言之，艺术品虽然与效率不沾边，却能创造快乐，它承载的历史也能令人感动。也许这就是所谓的"美"吧。

之前介绍"功能美"的时候，曾经提到当"功能（=效率）"和"美（=非效率）"达到一种平衡状态，这种状态便是设计。**与此相反，我认为如果完全舍弃"功能"，极致呈现"美"，就不再是设计，而成了"艺术"。**

以时尚为例，夏日穿上亚麻材质的服装算是最具季节性的打扮。然而就算不选择亚麻，一身全棉也能度过炎炎夏日。全棉衣物适合任何季节——耐穿、功能性强，也容易保养。亚麻材质则与众不同，它透气性好，但季节性强，只适合夏天穿。衣物保养起来比较花功夫，不具效率但独具美感。

言归正传。我绝不是一个有钱人，但因为践行极简生活让我有机会拥有了闲暇时间。正因为这样，我才能在浏览网页时发现"哎？这个按键好像很多余"，或是"这个流程有点复杂，不好用"。用这样的视角观察世界，对工作和爱好都大有裨益。

当然，这一切只是我个人的经历，并不代表每一位读者朋友都应该对设计或是艺术产生兴趣。真心希望每一位读者都能找到属于自己的答案。

后记

相遇和分别总是成双成对。

在穿过入口的瞬间,需要考虑好哪个出口最理想。

"人生多别离。"

这是小说家井伏鳟二翻译的汉诗中的句子。任何东西都不会永久存在,但只要能明白"总有一天要说再见",就能让自己认真面对各种事物。不考虑将来,一味追求"拥有",只会让自己的人生越走越难。所以一定要考虑退场策略,并根据退场策略积极放手——这么做,对自己、对放手的物品都是一种幸福。这一原则不只适用于实体物品,也同样适用于抽象事物,人际关系、例行公事、自己真正想做的工作和爱好……找出什么对自己才是最重要的事情,将你的热情、你的"爱"投入其中。

疫情暴发后,也许人们最想要的就是"爱"。我身边也有不少朋友因为疫情而喜结连理。不只是结婚，我们生活中还不断出现了让"爱"变得更具体可见的产品和服务。

比如丸龟制面一方面通过人工智能技术让库存管理变得更具效率，另一方面特意聘请高龄员工，在开放式厨房展示员工精心烹调的场景，这些员工还在柜台用心接待每一位客人。这种效率与非效率并存的服务方式成功冲高了业绩。虽然这种模式与不少连锁店采取无人收银的方式截然相反，却让"爱"变得更加具体可见。

人类如果不追求效率，就无法拥有闲暇；如果不懂得"玩"和"爱"这些不具效率的事物，就容易不断累积压力——人类是何其麻烦的生物。关键还是在于如何平衡。想要在喜欢的事物上倾注"爱"，就要以"果断放手"为生活的前提。这种生活态度也许会引领我们走向更宽、更远的幸福之路。

极简主义者 Shibu

2022 年 2 月